Für meine Eltern
Olaf und Heidi Roch, die einem kleinen Dickkopf beibrachten,
dass es wichtig ist, auf sein Bauchgefühl zu hören,
und ihn losschickten, seinen Weg zu gehen.
Ich liebe euch beide und ich verdanke euch alles.

Mit dem Kauf dieses Buches unterstützen Sie die Gesundheitshelden:
Zehn Prozent aller Autorenhonorare gehen als Spende
an gemeinnützige Organisationen zur Förderung mentaler Gesundheit
im Kindesalter.

Impressum

Lektorat: Karen Christine Angermayer
Korrektorat: Bianca Weirauch
Layout, Umschlaggestaltung und Satz: Vera Fechtig | Owlet Grafikdesign
Bildnachweis: Michael Fertig | Flash Bros

Selfpublishing-Portal: Bookmundo
Gedruckt in Deutschland

ISBN: 978-9-4036-1177-8
1. Auflage

Dieses Buch ist auch als E-Book und Hörbuch erhältlich.

Inhaltsverzeichnis

Vorwort

„Wozu gehst du jeden Tag ins Büro?" Wäre mir diese Frage vor ein paar Jahren gestellt worden, hätte ich nicht lange gezögert. „Weil es meine Pflicht ist", hätte meine Antwort vermutlich am ehesten gelautet. Als ehemaliger Marineoffizier schien diese Antwort am naheliegendsten. Während ich mit 10 kg Gepäck 30 km durch die Wälder und entlang der Flensburger Förde spazierte, stellte sich die Frage nach dem Sinn nicht. Dienst nach Vorschrift war an der Tagesordnung. Unhinterfragt.

Ein paar Jahre später endete meine Dienstzeit und ich war inzwischen auch Geschäftsführende Gesellschafterin eines Tourismusunternehmens sowie mehrfache Immobilienbesitzerin. Inklusive eines intakten Privatlebens sowie einer attraktiven Anstellung in der Industrie direkt nach meinem Dienstzeitende hatte ich von außen betrachtet alles. Eigentlich sollte ich glücklich sein. Das glaubte ich auch eine lange Zeit selbst. Doch gleichzeitig fühlte ich mich wie eine Marionette. Wer dabei meine Fäden in den Fingern hielt, ließ sich nicht immer sagen. Was sich definitiv sagen ließ, war, dass mich dieser Zustand unzufrieden und rastlos machte. Wie ein Tiger im Käfig wanderte ich die letzten Jahre durch mein Leben.

Dann kam der Punkt, an dem ich mir die Frage stellte, wer ich eigentlich bin. Wofür stand dieser Status? Welcher Teil von meinem Verhalten war ich? Was trainierte ich mir an? Was wurde von mir erwartet? Von wem? Ich war innerlich total unruhig. Angestachelt wurde dieses Gefühl noch durch die Feststellung, dass sich die Menschen in meinem beruflichen Umfeld immer wieder ungerecht zueinander verhielten, was ja oftmals ein Sinnbild für das Überdecken eigener Unzulänglichkeiten darstellt. Seien es die Mitarbeitenden untereinander, die Führungskraft, die ihre Mitarbeitenden schikanierte, oder Angestellte, die sich gegen ihre Führungskraft verbündeten ... Viel zu viel Energie wurde für Dinge aufgebracht, die woanders ein Vakuum füllen sollten.

Ich konnte und wollte meine eigene Ruhelosigkeit nicht mehr akzeptieren. Ich wollte endlich zufrieden, endlich glücklich sein. An dem Punkt begann die Reise zur mir zurück. Während ich anfangs glaubte, noch ein weiteres Seminar, eine weitere Ausbildung zu brauchen, um endlich gut genug zu sein, tauchte für mich immer mehr die Frage auf, für wen ich eigentlich „gut genug“ sein müsse? Je länger meine Reise ging, desto deutlicher wurde die Antwort: nur für mich. Mittlerweile weiß ich, dass Selbstzufriedenheit ein sehr viel besseres Gefühl ist als der Anspruch, es anderen recht machen zu wollen. Ich bin bei mir angekommen. Heute kann ich mit absoluter Gewissheit sagen, warum ich morgens ins Büro gehe. Mit Dienst nach Vorschrift hat das nichts mehr zu tun. Sehr viel mehr mit Führung.

Ich schreibe dieses Buch für Sie, wenn auch Sie sich die Frage stellen, wie Führung noch besser gelingen kann. Möglicherweise haben Sie noch gar keine Führungserfahrung, vielleicht sind Sie aber auch schon in den Genuss „schlechter“ oder unzulänglicher Führung gekommen und möchten es für sich und Ihre Mitarbeitenden besser machen.

Mein Leben hat mich immer wieder aufgefordert innezuhalten, auf meine innere Stimme zu hören, meinen Weg zu finden und ihn dann auch zu gehen – oft gegen große Widerstände. Mein Weg war manchmal mühsam und schickte mich durch tiefste Täler. Er offenbarte mir gleichzeitig auch die größte Freude. Viele Menschen formten mein Sein und machten mich zu der Person, die ich heute bin: glücklich und zufrieden. Um Ihnen mein heutiges Denken und Handeln besser verständlich zu machen, nehme ich Sie in diesem Buch ein Stück mit auf meine Reise. Ich gebe Ihnen einen Einblick in mein Leben als Marineoffizier und zeige Ihnen die Licht- und Schattenseiten, die ich dort erlebte. Die Wahrnehmung anderer Beteiligter kann durchaus abweichen. Weiterhin lasse ich Sie daran teilhaben, wie ich aus dem Erlebten meinen neuen Weg geformt habe, den ich heute sehr erfolgreich gehe.

Am Ende dieses Buches steht ein Tool Kit für Sie bereit, in dem Sie alle Einblicke noch einmal zusammengefasst als praktische Werkzeuge finden, auf die Sie jederzeit schnell zurückgreifen können.

Im weiteren Verlauf des Buches habe ich mich für das respektvolle „Du" entschieden. Unabhängig von der Schreibweise sind auch immer männliche, weibliche und diverse Personen angesprochen.

„Wozu gehst du jeden Tag ins Büro? Warum bist du Führungskraft geworden?" Ich wünsche mir, dass die Lektüre dieses Buches dir dabei hilft, diese Fragen zu beantworten – auf eine Weise, die dich beruflich wie privat dauerhaft zufrieden macht.

Falls dir mein Buch gefallen hat, freue ich mich anschließend über eine positive Rezension und deine Weiterempfehlung. Vielen Dank.

Bis bald,
Deine Jennifer Roch

*„Persönliche Führung ist der Vorgang,
deine Visionen und Werte vor Augen zu behalten
und dein Leben so anzupassen, dass es mit ihnen übereinstimmt."
(Stephen Corvey)*

#KnowJennifer

Während ich hier mit meinem Laptop und einer Tasse Kaffee auf dem Balkon sitze und meinen Blick über die Kieler Förde schweifen lasse, denke ich nach. Für dich möchte ich das beste Buch schreiben. Ich möchte dir gerne Teile meiner Geschichte erzählen und wünsche mir, dass du nach dem Lesen Dinge über dich selbst herausgefunden hast, die wichtig für dich sind, und womöglich auch die Zeit mit dir selbst wieder als Geschenk empfindest. Wenn sich anschließend auch noch das eine oder andere Fragezeichen in deinem Kopf aufgelöst hat, bin ich glücklich.

Um dir die Möglichkeit zu geben, mich ein bisschen besser kennenzulernen, lasse ich dich zunächst auf den folgenden Seiten in meine Welt eintauchen.

Vielleicht magst du dir auch eine Tasse Tee oder Kaffee holen und es dir gemütlich machen?

Geboren
An einem leicht verregneten Dienstag im Juli 1985 in Berlin

Sternzeichen

Löwe. Ich mache mir nicht allzu viel aus Sternzeichen, doch so manche zutreffende Charakterisierung amüsiert mich, und Sternzeichen bieten immer wieder einen unterhaltsamen Gesprächsaufhänger. Man sagt dem Löwen nach, er stünde gern im Mittelpunkt und würde die Aufmerksamkeit genießen. Ich bin mir nicht sicher, ob ich das so unterschreiben kann. Ich empfinde mich eher als Chamäleon, kann mich gut in Situationen einfühlen und einfinden. Und ich genieße gern die Stille, so wie jetzt gerade hier auf dem Balkon.

Treffender beschreiben mich die Aussagen des chinesischen Horoskops, anhand derer ich dem Zeichen des Büffels zugeordnet werde. (Die Frage meines Partners, ob sich das auf meine Hüften beziehe, fand nur er witzig.) Büffel sind ausdauernde, hart arbeitende Menschen, die darin aufgehen, etwas zu erschaffen. Man ordnet ihnen außerdem Fleiß, Zuverlässigkeit, Kraft und Entschlossenheit zu. Sehr interessant finde ich – und ich musste beim Lesen der Information sehr schlucken – dass Büffel immer bereit seien, Schwache und Hilflose zu verteidigen. Schon immer habe ich das genauso empfunden, dass mein inneres „Warum“ die Bekämpfung von Ungerechtigkeit ist. Denn genau dieses Bestreben steht in direkter Verbindung zu meinen Werten.

Werte

Ehrlichkeit
Loyalität
Gerechtigkeit
Freiheit
Selbstbestimmung
Wachstum
Familie
Stolz
Qualität
Verlässlichkeit

Zuhause und Familie

Obwohl ich an der wunderschönen schleswig-holsteinischen Küste lebe, bleibe ich in meinem Herzen eine Berlinerin. Bei einem Ausflug mit meiner Familie, einer richtigen „Touri-Stadtrundfahrt“ mit Kopfhörern und allem Drum und Dran, wurde mir das wieder bewusst. Ich liebe meine Wurzeln, ich liebe Berlin, unsere Hauptstadt, in der meine Familie immer noch lebt. Gleichzeitig freue ich mich, wenn ich ins Auto steigen und zurück in die größere Ruhe an die Küste fahren kann. Norddeutschland ist jetzt mein Zuhause.

Geschwister

Eine vier Jahre jüngere Schwester. In der Kinder- und Teenagerzeit sind vier Jahre ein Abstand, der mehr „auseinander“ bedeutet als „zusammen“. Es ist eine merkwürdige Zwischenstufe. Als Erstgeborene hatte ich oft das Gefühl, das Übungskind meiner Eltern zu sein: Ich dachte, ich müsste für alles kämpfen. Meine Schwester hatte es in meinen Augen viel leichter – sie bekam die Dinge einfach, die sie wollte. An mir stießen sich meine Eltern ordentlich ihre Hörner ab. Heute weiß ich, dass ich eine große innere Stärke in dieser Zeit gewann und sehr davon profitiert habe. Ich stehe für meine Wünsche und Bedürfnisse ein, auch wenn das im ersten Schritt mal ein „Nein“ als Antwort erzeugt. Wenn ich das Gefühl habe, dass etwas richtig ist, dann mache ich es so und gehe diesen Weg. Dafür bin ich heute dankbar.

Kraftorte

Überall da, wo das Wasser nicht weit ist. Wasser gibt mir ein tiefes Gefühl von Verbundenheit und Zuhausesein. Ich habe mich in meinem Leben selten so frei gefühlt wie in dem Moment, als ich auf dem Flugdeck der „Berlin“ stand, auf hoher See, und das Wasser um mich herum sah. Ich dachte: So fühlt sich Freiheit an. Das ist unendliche Weite. Das brauche ich. Das genieße ich. Das gibt mir Ruhe.

Reisen

Ich durfte schon viele tolle Reisen machen, zum Beispiel in den Oman, die Dominikanische Republik, nach Italien, Spanien, in die USA ... und es gibt noch viele Länder, die ich gerne bereisen möchte (Vietnam, Kambodscha, Australien, Kolumbien). Ein schöner Urlaub ist für mich persönlich die optimale Mischung aus „entspannen“ und „etwas erleben“. Runterkommen und zugleich Land und Leute fühlen.

Tiere

Mein vierjähriger Australian-Shepherd-Rüde Finlay. Er kam in meinem letzten Dienstjahr bei der Marine zu mir, in einer Zeit, in der ich im Dauerstrom steckte. Er, der selbst ein totales Energiebündel ist, brachte interessanterweise das genaue Gegenteil in mein Leben: Ruhe. Denn wenn ich ruhig bin, ist er es auch. Dieser Hund ist ein Geschenk. Genauso wie mein siebenjähriger Paint Horse Wallach Barney. Er ist der perfekte Spiegel für menschliches Verhalten, ist immer ehrlich und wertfrei und spürt genau, was in mir und anderen Menschen vorgeht. Beide Tiere sorgen dafür, dass ich mich und meine Bedürfnisse im Auge behalte und mich nicht mehr in der Selbstaufgabe verliere.

Schwäche

Impulsivität. Meine ewige Entwicklungsaufgabe.

In der Fernmeldesprache gibt es den Grundsatz Nummer eins: „Denken. Drücken. Sprechen.“ Früher passierte das mit dem Sprechen manchmal vor dem Denken bei mir. Heute habe ich gelernt, dass Denken Sinn macht und dass es manchmal im Leben sogar besser ist, ganz die Klappe zu halten. Zugegeben: Wenn ich merke, dass bestimmte Themen total konträr zu meinem Wertesystem stehen, zum Beispiel wenn Ungerechtigkeit vorherrscht oder jemand sich nicht loyal verhält, dann muss ich mich sehr zusammennehmen und zurücknehmen, bevor ich mich impulsiv einmische.

Stärken

Ich bin besonders gut darin, „out of the box" zu denken. Ich kann unglaublich schnell Transferleistungen ziehen, Brücken schlagen, Synergien knüpfen. Meine Intuition ist untrüglich, auf ihrer Basis kann ich mich sehr gut und schnell in andere Menschen hineinversetzen. Interessanterweise gab es eine Zeit, in der ich dachte, ich hätte mein Bauchgefühl verloren. Damals fühlte ich mich wie ein Darsteller in meinem eigenen Videospiel: eine Figur zwar, aber wie ferngesteuert. Ich wusste nicht mehr, wer ich wirklich war. Dazu im Laufe des Buches mehr.

Größtes Learning in meinem Leben

Als ich einen Lipliner bei Rossmann in Berlin geklaut hatte. Mit 14. Ich hatte mich von ein paar Leuten aus meinem Umfeld anstiften lassen. Ich wurde erwischt – jemand, der so eine ehrliche Haut ist wie ich, kann nicht umhin, die Aufmerksamkeit des Ladendetektivs auf sich zu ziehen – und von zwei Polizisten persönlich nach Hause begleitet. Das war der schlimmste Nachhauseweg meines Lebens. Noch schlimmer allerdings war die Begegnung mit meiner Mutter, die mir auf ihre unnachahmliche Art und Weise ein ultraschlechtes Gewissen machte: „Jennifer, womit habe ich das verdient?" Geschickt wie sie war, verabredete meine Mutter hinter meinem Rücken mit den Polizisten, dass sie mich zwei Tage später bei der Anhörung auf dem Revier so richtig in die Mangel nehmen und mir ins Gewissen reden würden. Ich kam mit einem blauen Auge davon und einem einjährigen Ladenverbot. Danach stellte ich nie wieder etwas an in meinem Leben, setzte nie wieder einen Fuß auch nur eine Spur rechts oder links des Gesetzes. Learning erfolgreich. Ich wusste von da an verstärkt, wie wichtig mir Ehrlichkeit ist. Und ich hatte verstanden, dass ich nie wieder etwas tun würde, nur um „dazuzugehören".

Die Sache mit dem Sport

Ich war immer ein Bewegungskind und es konnte für mich nicht schneller, höher, weiter gehen. Nichts war zu riskant, was schon mit knappen sechs Jahren in einem gebrochenen Arm gipfelte und nur anderthalb Jahre später in einem zweiten. So kam ich zum Schwimmsport, den meine Eltern für wenig gefährlich hielten, und ich blieb tatsächlich auch die nächsten Jahre verletzungsfrei. Mit knapp zehn Jahren schaffte ich es auf eine Sportschule, obwohl ich eigentlich nicht gut genug war (was ich nicht wahrhaben wollte). Durch das Nachrückverfahren kam ich auf die Liste. Doch Leistungssport war nicht mein Ding. Ich war immer eine Spur breiter als die anderen, immer eine Spur zu kräftig als zu zart, und merkte, dass ich einen riesigen Aufwand betreiben musste, um mithalten zu können. So hörte ich mit dem Leistungssport auf, was dazu führte, dass mich die Trainer von jetzt auf gleich fallen ließen. Ich nahm aufgrund der daraufhin fehlenden Bewegung und gleichem Essverhalten kräftig zu, bestimmt insgesamt 20 Kilogramm, was das Ganze nicht leichter machte. Ich fühlte mich nicht mehr wohl. In dieser Zeit passierte auch die Sache bei Rossmann. Ich deute es so, dass ich damals wohl etwas brauchte, um mir selbst meine Anerkennung wiederzugeben. Der Hausbau meiner Eltern und der damit verbundene Umzug war meine Chance, die Schule zu wechseln. Insgesamt hatte ich bis zur neunten Klasse bereits fünf Schulwechsel hinter mir. Alle waren mehr oder weniger freiwillig gewesen, doch der konstante Aufbau von Kinderfreundschaften war dadurch nicht möglich gewesen. In dem Gymnasium, auf das ich nach der Sportschule kam, baute sich ein kleiner, aber feiner Freundeskreis auf.

Entscheidungen

Nach dem Abi kam die Zeit der Bundeswehr, die sehr turbulent und auch nervenaufreibend war. Gelernt habe ich allerdings – und dafür bin ich sehr dankbar –, wie flexibel und wandlungsfähig ich bin und welche Robustheit und Widerstandsfähigkeit ich in mir trage. Auch, wie leidensfähig ich sein kann. Damals konnte ich das alles noch nicht sehen. Wenn ich heute zurückblicke, würde ich einen anderen Weg einschlagen. Ich würde mehr Ruhe und Konstanz in mein Leben bringen. Ich bin auch heute noch ein Mensch, dem bei zu viel Routine schnell langweilig wird. Dann wächst in mir das Bedürfnis, etwas Neues zu machen. Ich arbeite daran, mich über Ruhephasen zu freuen und nicht permanent auf der Flucht zu sein oder unter Strom zu stehen. Dieses Auf-dem-Sprung-Sein und Getriebensein hat mich vor ein paar Jahren in eine tiefe Krise geführt. Heute entscheide ich mich jeden Tag für meine Gesundheit.

Größte Herausforderung

Mein erster Urlaub alleine im Oman vor drei Jahren. Nach einer Stunde Rennerei auf dem riesigen Flughafen von Dubai und einem verpassten Weiterflug in den Oman landete ich endlich verspätet, todmüde und verschwitzt an meinem Ziel in Maskat – jedoch ohne meinen Koffer. Es war ein Samstag und ein Samstag ist in den arabischen Ländern Wochenende: Die Geschäfte sind geschlossen. Irgendwie schaffte ich es, eine Zahnbürste und einen Kamm zu organisieren. Da mein Koffer immer noch nicht im Hotel angekommen war, zog ich meine Klamotten einmal durchs Wasser im Waschbecken. Sie waren das Einzige, was ich dabeihatte (sehr weise). Als alle Klamotten gerade klatschnass über der Brüstung auf dem Hotelbalkon zum Trocknen hingen und ich schon die ersten Tränen vergossen hatte vor lauter Erschöpfung und Überforderung mit der ganzen Situation, kam der Anruf der Rezeption: „Sie können jetzt Ihren Koffer unten abholen." Es blieb mir nichts anderes übrig, als in die nassen Klamotten zu steigen. Die Alternative wäre gewesen, nackt in die Lobby zu gehen, und das war mir dann doch zu gewagt. Wie ein begossener Pudel fuhr ich also runter in die Lobby und hatte endlich meinen Koffer wieder. Heute lache ich sehr darüber. Damals hatte ich alle Emotionen, die man nur gleichzeitig haben kann: Wut, Verzweiflung, Trauer, Ohnmacht, unbändige Freude über einen verfluchten Koffer und frische Klamotten, genauso wie Dankbarkeit, dass sich alles noch fügte. Heute kann ich sagen, dass dieser Moment und der ganze Urlaub eine Art Initialzündung waren. Denn diese Reise sollte der Anfang vom Weg zurück zu mir sein. Zu meinem eigenen Ich.

Wenn ich einen Wunsch frei hätte, um etwas zu verändern

Wenn ich einen Wunsch frei hätte, mit dem ich auf der Welt etwas verändern könnte, dann wäre es die Einführung eines Schulfachs namens „Achtsamkeit". Vielleicht sollten wir damit sogar schon im Kindergarten beginnen. Ich bin davon überzeugt, dass, wenn wir Menschen schon frühzeitig lernen würden, wie wir uns selbst gut um uns kümmern können und unsere Bedürfnisse achten, wir dann vor vielen Herausforderungen in Unternehmen und auch im Privatleben nicht stehen würden. Zumindest nicht in der heutigen, allgegenwärtigen Intensität. Was kann jeder tun, damit es einem selbst gut geht? Wie kann man, unabhängig von irgendwelchen Statussymbolen, gut auf sich selbst aufpassen? Wer achtsam mit sich ist, kennt sich selbst und seine Werte und ist viel zufriedener. Er weiß, was ihm wichtig ist, und steht dazu. Das bringt mich abschließend hier zu meinem Lebensziel.

Mein größtes Lebensziel

Ich möchte dauerhaft innere Zufriedenheit erreichen. Ich möchte das Gefühl haben, ich komme nach Hause und es ist gut so, wie es ist. Ich möchte in meinem Leben später einmal, wenn ich grau und runzelig bin, ganz klassisch in meinem Schaukelstuhl auf der Veranda sitzen, während mir der Wind durchs schüttere Haar weht, und zurückblickend sagen: „Ich habe die Chancen, die sich mir geboten haben, genutzt." Ich möchte mir niemals vorwerfen müssen, etwas nicht ausprobiert zu haben, oder einen Weg nicht gegangen zu sein aus Angst vor dem, was vielleicht hätte passieren können. Lieber gehe ich eine Extrameile mehr und kann auf die Erfahrungen zurückblicken, statt mich in Träumen gefangen zu sehen, die ich niemals verwirklicht habe.

So, jetzt hast du mich ein Stück weit kennengelernt. Vielleicht hast du Parallelen entdeckt oder bist auf eine eigene interessante Erfahrung oder Geschichte gestoßen? Vielleicht möchtest du den Steckbrief auch mal für dich ausfüllen?

Denn ab jetzt geht es um dich. Um deinen Weg und um deinen (Unternehmens-)Erfolg. Leinen los! Ich wünsche dir ganz viel Spaß auf deiner Reise.

„Werte sind wie Fingerabdrücke.
Keiner hat dieselben,
aber du hinterlässt sie bei allem, was du tust."
(Elvis Presley)

Wir sind unsere Werte

Persönliche Werte oder Prinzipien bestimmen unser Handeln. Sie sind in ihrer Basis positiv betrachtete Eigenschaften und Ideale, die sich wie ein Wegweiser für unseren Lebensweg darstellen: Sie bilden unser Warum. Darüber hinaus regulieren sie unser Verhalten, sind unser Antrieb und Motor, wofür wir Zeit und Energie investieren und wonach wir in all unserem Tun streben. Wir sind unsere Werte.

Unterschiedliche Gruppen leben nach unterschiedlichen Wertvorstellungen, und unbewusst fühlen wir uns immer wieder von Menschen mit ähnlichen Wertvorstellungen angezogen oder abgeschreckt von denjenigen, die vermeintlich gegen unser Wertesystem verstoßen.

Warum ist es so wichtig, sich der eigenen Werte bewusst zu sein? Ganz einfach. Wir können dadurch schneller und besser Entscheidungen treffen. Wir können umgehend Prioritäten setzen und unsere Zeit dementsprechend einteilen. Klarheit bei Entscheidungen, schnellere Reaktions- und Handlungsfähigkeit sind wichtige Faktoren im beruflichen Alltag.

Ich gehe noch weiter: Wenn wir dauerhaft gegen unser Wertesystem leben, werden wir krank. Anders gesagt: Unsere gelebten Werte unterstützen uns dabei, gesund zu bleiben oder wieder gesund zu werden. Die Erfüllung unserer Werte schenkt uns darüber hinaus auch tiefe innere Zufriedenheit.

Um all das zu erlangen, müssen wir uns im ersten Schritt darüber klar werden, welche Werte uns wichtig sind. Im zweiten Schritt gilt es dann zu evaluieren, wie sich unser Wertesystem privat oder beruflich – und im Idealfall in der größtmöglichen Schnittmenge der beiden Bereiche – leben lässt.

Früher begegnete ich immer wieder ähnlichen herausfordernden Situationen, deren Ursache ich nicht herausfinden konnte. Trotz intensiver Nachforschung begriff ich lange nicht, warum ich immer wieder mit dieser Art von Aufgaben konfrontiert wurde. Mit der Zeit erkannte ich: Unser gesamtes Wertesystem umfasst viele verschiedene Einzelwerte, die sich im Laufe unseres Lebens verändern können. Die den Alltag bestimmenden Einzelwerte sind die sogenannten „BIG 5“, das sind unsere fünf Hauptwerte.

Die „BIG 5“: Wie heißen deine fünf Hauptwerte?

Über meine persönlichen „BIG 5“ bin ich mir erst mit Anfang 30 so richtig bewusst geworden. Damals fiel es mir wie Schuppen von den Augen, wie sehr sie mein Fühlen und Denken beeinflussten.

Meine fünf Hauptwerte lauten: Gesundheit, Liebe, Wachstum, Freiheit und Ehrlichkeit.

Ich erläutere sie dir hier etwas näher, damit du möglicherweise eine Brücke zu dir und ähnlichen Herausforderungen in deinem Leben schlagen kannst.

Gesundheit umfasst bei mir alles. Wenn ich darauf achte, gesund zu bleiben, kann ich auch in meiner vollen mentalen Kraft stehen. Gesund zu bleiben betrifft bei mir einerseits die körperliche Gesundheit. Dazu zählt für mich Sport genauso wie die Ernährung oder auch, dass ich nicht rauche. Gleich gewichtet ist für mich die mentale Gesundheit. Ich stelle mir regelmäßig die folgenden Fragen:

„Tut mir das gerade noch gut? Ist das, was ich gerade tue, auch das, was ich tun möchte? Ist das etwas, was mich in meinen Grundfesten erschüttert, oder ist es etwas, das mich womöglich herausfordert?“

Ich bleibe sehr achtsam mit mir. Nur wenn ich in mir ruhe, habe ich die Möglichkeit, auch bei anderen zu analysieren, beispielsweise bei meinen Klienten, was genau wir tun können, um in unserer hektischen Zeit zur Ruhe zu kommen. Denn in unserer Welt ist alles schnelllebig: Die Autos rasen vorbei. Der Geräuschpegel ist immer da. Es ist immer irgendwie laut. Großraumbüros haben Hochkonjunktur. Permanent klingeln irgendwelche Telefone. Wir sitzen dauerhaft am Laptop oder blicken aufs Handy. Aber was kann ich für mich tun, um zwischendrin auch mal zurück zur Besinnung zu kommen, um gesund zu bleiben oder um wieder gesund zu werden?

Mein zweiter Wert ist die **Liebe**: Ich finde Selbstliebe wahnsinnig wichtig im Leben. Sie ist ein fundamentaler Baustein unseres Selbstbewusstseins. Selbstliebe ist die Liebe zu uns als Person, und zwar genauso, wie wir sind – mit all unseren Stärken und Schwächen. Es ist mir wichtig, mich mit all meinen Stärken und auch mit all meinen Schwächen annehmen zu können und, auf gut Deutsch gesagt, damit „fein zu sein". Genauso essenziell ist auch die Liebe zu anderen: die Liebe zu meiner Familie, die Liebe zu meinem Partner, zu Freunden ... und zwar, ohne eine Gegenleistung zu erwarten. Bedingungslose Liebe zu geben, ohne gleichzeitig zu erwarten, diese Liebe zurückzubekommen. Geben um des Gebens willen.

Wachstum ist für mich etwas ganz Wichtiges. Ich persönlich glaube, dass Wachstum für mich ein Grundmanifest ist, um zufrieden und glücklich sein zu können. Ich möchte in meinem Leben unbedingt neugierig bleiben und auf Neues achten. Ich möchte fremde Länder und Kulturen sehen. Ich möchte neue Denkansätze finden. Ich möchte in meinen Denkansätzen herausgefordert werden. Ich möchte in meiner Entwicklung nicht stehen bleiben oder mich womöglich gar zurückentwickeln, getreu dem Motto „Stillstand ist Rückschritt". Gleichzeitig möchte ich auch unternehmerisch wachsen. Ich möchte mich beruflich weiterentwickeln und mir dabei immer die Frage stellen, was ich für meine Kunden tun kann, um auch sie noch besser an ihr Ziel zu bringen. Es ist möglich, privat wie beruflich glücklich zu sein. Beides ist miteinander vereinbar, wenn wir es aus vollem Herzen und mit purer Leidenschaft tun. Das habe ich erfahren dürfen und gebe es heute weiter.

Auch **Freiheit** und damit verbunden die Selbstbestimmtheit ist ein sehr starker Wert für mich. Ich durfte auf der beruflichen Ebene lernen, mir die Freiheit über mein Leben wieder zurückzuholen. Mir waren meine

Selbstbestimmtheit und das Zurückerlangen der eigenen Entscheidungsfreiheit so viel mehr wert als die Arbeitsplatzsicherheit oder andere angenehme Begleiterscheinungen, die ich bei der Bundeswehr bekommen hätte, wenn ich geblieben wäre.

Ich möchte in meinem Leben die Chance haben, selbst festzulegen, ob ich für einen Arbeitgeber oder selbstständig arbeiten möchten: Wie möchte ich meine Zeit einteilen? Mit wem möchte ich meine Zeit verbringen? Auch die finanzielle Freiheit spielt dabei eine entscheidende Rolle. Für mich ist es ein Ziel im Leben, die Freiheit zu haben, Dinge zu entscheiden, ohne dass ich womöglich durch eine finanzielle Sorge getrieben werde. Du merkst, wie umfassend dieser Wert für mich ist.

Mein letzter Wert aus der Reihe meiner „BIG 5" ist die **Ehrlichkeit**. Ich mag Menschen, die „geradeheraus" sind. Das mag für viele unangenehm sein, denn Ehrlichkeit kann hart sein. Als Berlinerin oder ehemaliger Offizier bin ich hier möglicherweise im Vorteil. Berliner sind meistens sehr direkt, und auch in der Marine durfte ich mir ein dickeres Fell zulegen. Doch letztlich ist Ehrlichkeit ein Geschenk: Sie ist berechenbar und verlässlich. Sie hat für mich viel mit Loyalität zu tun: Wie stehe ich zu meinen Mitmenschen?

Im Nachhinein habe ich erkannt, warum mich diese Geschichte mit dem Ladendiebstahl selbst so erschüttert hat. Im Endeffekt war das, was ich getan habe, etwas, das komplett gegen einen meiner Grundwerte verstoßen hat – ohne dass ich in dem Alter damals schon wusste, dass Ehrlichkeit einer meiner Grundwerte ist.

Auch im Business ist Ehrlichkeit der beste Weg. Ich selbst sage sehr klar, was ich kann und was ich nicht kann. Nur so funktioniert in meinen Augen die Wirtschaft langfristig: Indem sich jeder wieder auf sein Kerngeschäft besinnt und eher bereit ist zu kooperieren, beispielsweise strategische Partnerschaften einzugehen oder im Netzwerk miteinander zu arbeiten. Viel zu oft wird heutzutage versucht, sich selbst als die eierlegende Wollmilchsau darzustellen. Anbieter versuchen, möglichst alles zu bedienen, bleiben dabei aber total an der Oberfläche. Mein Motto ist: „Lieber in der Tiefe spitz.“

Sinn oder Karriere?

Immer häufiger werde ich mit der Frage konfrontiert, ob man eine Karriere haben kann und dabei gleichzeitig einer sinnstiftenden und werthaften Aufgabe nachgehen kann. In vielen Köpfen scheinen sich ein paar hartnäckige Glaubenssätze festgesetzt zu haben, die uns nur eine Entweder-oder-Wahl lassen.

Wie denkst du darüber?

Für mich war Karriere früher etwas, bei dem ich mir immer wieder sagte: Entweder mache ich Dinge richtig oder ich lasse es bleiben. Ich bin ursprünglich in die Marine eingestiegen, um es ganz oder gar nicht zu machen. Ich trat ein mit der Grundidee, es bis ganz nach oben zu schaffen. Wenn schon Streitkräfte, dann wollte ich einer der ersten weiblichen Generale werden oder, wie ich sehr schnell nach meinem Dienstantritt lernte: Admiral.

Die Marine trägt mit Stolz ihre eigenen Dienstgradbezeichnungen. Ich bin sehr leistungsfähig und kann sehr lange durchpowern. Früher hieß das, dass ich auch bis an die Grenze meiner psychischen Belastbarkeit ging. Hier musste erst ein gravierender Cut kommen, um mich wieder mehr in meine eigene Selbstfürsorge zu bringen.

Inzwischen heißt Karriere für mich, dass ich einfach zufrieden und glücklich sein möchte, und das in Einklang mit meinem Wertesystem.

Das bedeutet: Ich möchte gesund bleiben und ich möchte gleichzeitig frei sein, auch finanziell. Ich arbeite also auch, um mich finanziell unabhängig zu machen, und bin bereit, alles in meiner Macht Stehende dafür zu tun. Doch heutzutage mache ich das nicht mehr um jeden Preis, nicht mehr auf Kosten meiner Gesundheit und schon gar nicht mehr auf

Kosten meiner eigenen inneren Zufriedenheit oder beispielsweise, indem ich meine Familie massiv vernachlässige.

Ist das wirklich so einfach? Nein. Es bedeutet ein regelmäßiges Hinterfragen meines Kurses, und es bedeutet auch, mögliche Kursänderungen vorzunehmen. Am Ende führen viele Wege nach Rom, oder?

Dieses Umdenken kommt nicht von ungefähr und es hat sich auch nicht von heute auf morgen ergeben. Vielmehr ist es mit einem langsamen Prozess gleichzusetzen. Stein des Anstoßes sind hier meine Erfahrungen, die ich bei der Marine sammelte. Immer wieder wurde ich mit Herausforderungen konfrontiert, die ich nicht einordnen konnte und die sich letztlich auch erst auflösten, als ich schon kein Marineoffizier mehr war. Erst in der Rückschau und vor allem erst, nachdem ich mir vollumfänglich über mein Wertesystem bewusst wurde, konnte ich vieles in einem anderen Licht betrachten. Es ergab auf einmal Sinn und schaffte für mich damit die endgültige Brücke, um abzuschließen und meinen inneren Frieden damit finden zu können.

Auch hier wieder ein paar Erläuterungen für dich, damit du möglicherweise eine Brücke schlagen kannst zu deiner Situation.

Gegen welche Werte verstoße ich tagtäglich?

Bei mir war es so: Mit meinem Dienst für die Bundesrepublik Deutschland verstieß ich gleich in mehreren Punkten gegen mein eigenes Wertesystem. Genau genommen gegen vier meiner „BIG 5“. In der Rückschau stellte ich fest, dass die **Ehrlichkeit** der einzige Wert war, dem ich treu geblieben war. Zugegebenermaßen war das nicht immer hilfreich und noch weniger förderlich für die eigene Karriere. Denn ehrlich zu sein bedeutet für manche Menschen, auch unbequem zu sein, und das ist nicht unbedingt förderlich. Weder für die eigene Karriere noch für die anderer Menschen.

Ich habe zum Beispiel immer wieder gegen meinen **Gesundheitswert** verstoßen. Wie ich eben schon andeutete, gab es in meiner Dienstzeit ein Arbeitsumfeld, welches massiv dazu beitrug, dass ich mich ein Jahr lang in die Psychotherapie begab. Hierzu an anderer Stelle mehr. Selbst nach der Bundeswehrzeit war meine (mentale) Gesundheit weiterhin ein sehr großes Thema für mich. Nicht mehr zu wissen, wer ich selbst war, das fand ich sehr beängstigend. Einerseits war ich zwar stabil, gleichzeitig wusste ich nicht, ob ich Fisch oder Fleisch war. Das fühlte sich für mich wie Gefangenschaft an. Im Grunde war ich frei – und gleichzeitig gefangen in mir selbst.

In meiner Dienstzeit verstieß ich ebenso gegen meinen Wert der **Liebe**. Wie geht das, fragst du dich vielleicht. Meine Antwort lautet: Indem ich die Selbstliebe für mich gar nicht mehr richtig fühlen konnte. Du kannst es dir wie ein Fass vorstellen, bei dem unten der Pfropfen entfernt ist und dauerhaft Flüssigkeit hinausläuft. Dadurch, dass nun immer etwas abläuft, wird jemand Außenstehendes nie genug Flüssigkeit auffüllen können, um das Fass wieder vollzubekommen. Ich wurde emotionsmäßig stumpf, ich war fast schon zu abgeklärt.

Der naheliegendste und zugleich wahrscheinlich auf den ersten Blick abstruseste Gedanke ist der, dass ich meinen Wert **Freiheit** aufgab. Ich glaube inzwischen fest daran, dass ein solches System, wie ich es im Beruf erlebt habe, Freiheit nur in ganz minimalem Rahmen zulässt. Letztlich ist es so: Vor Dienstbeginn unterschreiben wir einen Arbeitsvertrag für eine Zeit X, je nachdem, wie lange man sich verpflichtet. In dieser Zeit „gehören" wir dem System. Wenn das System möchte, dass wir jetzt am Ort A sind, dann gehen wir dahin. Wenn das System uns an einem anderen Ort haben möchte, dann kann ich sicherlich eine gewisse Form des Vetos einlegen. Zumeist jedoch zu dem Preis, dass die Alternative eher schlechter ist. In der Regel geht man daher doch den Weg, den das System möchte. Ich könnte noch viele Beispiele mehr geben, doch will ich es an dieser Stelle nicht zu sehr in die Länge treiben.

Nun fehlt abschließend noch mein **Wachstumswert**. Diesen habe ich in der Anfangszeit leben können. Nach dem Hinweis in meiner Beurteilung für die klare Entscheidung zum Soldaten auf Zeit und gegen den Berufssoldaten[1] boykottierte ich mich dann sozusagen selbst. Denn ich nahm mir damit jegliche Wachstumschancen – auch in Form von besonderen Lehrgängen oder auch das Erreichen besonderer Dienstposten. Im Nachhinein wurde mir klar, dass ich die Schuld lange Zeit bei mir gesucht habe. Doch ist es nicht am Ende so, dass das eine Krankheit des Systems ist, dass Zeitsoldaten den Berufssoldatenkandidaten gegenüber benachteiligt werden?

Habe ich diese Entscheidung bewusst getroffen? Nein, habe ich nicht. Ich sehe das auch heute noch so und ich weiß, dass es die richtige Entscheidung für mich war. Denn eine Ausformulierung meiner Laufbahnabsichten war die Entscheidung für meinen Wert Ehrlichkeit. Die Alternative wäre gewesen, dass ich einfach gesagt hätte: „Na klar möchte

---

[1] *Diese Situation hängt mit dem Anlass für meine Psychotherapie zusammen und findet an anderer Stelle im Buch Erwähnung.*

ich gerne länger bleiben." Als Kandidatin für den Berufssoldaten hätte ich alle Förderungswürdigkeiten inklusive toller Dienstposten mit höherem Gehalt mitnehmen können, um am Ende trotzdem zu sagen, dass ich gehe und die Streitkräfte verlasse. Das konnte ich nicht, ich wollte nicht unehrlich sein. Bei allem, was ich getan habe, wollte ich morgens immer in den Spiegel gucken können.

Ich habe somit gegen meine Werte Gesundheit, Liebe, Wachstum und Freiheit verstoßen. Ich habe meine Freiheit sogar geopfert, um die Freiheit des deutschen Volkes tapfer zu verteidigen. Klingt ein bisschen absurd, oder? Aber so war es. Abschließend bleibt nur noch die Ehrlichkeit, und das ist etwas, das ich mir bis zum Schluss wirklich hoch auf die Fahne schreibe.

Gibt es Topwerte für eine ideale Führungskraft?

Wie eingangs gesagt, beeinflussen persönliche Werte unser Handeln, lassen uns schneller und besser Entscheidungen treffen und erleichtern das Setzen von Prioritäten. Da stellt sich doch die Frage, ob es nicht Topwerte gibt, die die „optimale Führungskraft" auf jeden Fall innehaben sollte, oder? Allein schon mein Bauchgefühl sträubt sich gegen eine solche Pauschalisierung. Doch um sichergehen zu können, habe ich mir zu der Fragestellung verschiedene Studien und Untersuchungen angesehen. Interessanterweise musste ich feststellen, dass bei der Definition der idealen Führungskraft ein Perpetuum Mobile konstruiert wird: Die Führungskraft soll innovativ sein. Sie soll einfühlsam sein. Sie soll jeden Mitarbeitenden individuell fördern und fordern. Sie soll Weisungen geben und gleichzeitig Coach sein. Sie soll sowohl sämtlichen Regularien unterliegen als auch am besten in der Tiefe Fachkenntnis zu jedem Bereich haben. Das alles zu vereinen, ist schier unmöglich. Das geht nicht.

Nichtsdestotrotz glaube ich, dass es möglich ist, Orientierungshilfen zu geben, was **Leitwerte** sein können. Der Vorteil in Leitwerten liegt darin, dass wir sie als Anhalt nehmen können, jedoch nicht müssen. Sie lassen uns die Freiheit der eigenen Person und die Möglichkeit, dass jede Wertekombination in der Ausübung der Führungsrolle möglich ist.

Wichtige Leitwerte guter Führungskräfte sind zum Beispiel: Einfühlungsvermögen. Vertrauen. Wachstum. Unabhängigkeit.

Ein Grundstein für eine gute Führungskraft ist die Empathie bzw. das Einfühlungsvermögen. Jede Berufsgruppe braucht hierbei unterschiedliche Ausprägungsstufen. Eine weitere zentrale Essenz ist in meinen Augen Vertrauen. Vertrauen ist die Basis für jede Form von Beziehungen. Aller Umgang miteinander am Arbeitsplatz ist ebenso eine Beziehungsform wie eine Partnerschaft oder eine Verbindung im Freundeskreis.

Wachstum kann heißen: Ich möchte mein Team wachsen lassen. Ich möchte mich auch selbst weiterentwickeln. Weiterentwicklung kann zum Beispiel geistige Weiterentwicklung bedeuten oder auch eine Entwicklung bezüglich der Position oder Stelle im Unternehmen. Es kann weiterhin bedeuten: Ich möchte das Gesamtunternehmen wachstumsmäßig voranbringen. Dieses ist mehrdimensional und ein sehr guter Ausgangspunkt für Führungskräfte.

Ein weiterer Wert könnte Unabhängigkeit sein. Hierbei meine ich die Unabhängigkeit zum einen in Bezug auf die Meinungsfindung, zum anderen angelehnt an das Vertrauen in uns selbst, auch mal querzudenken.

Weitere Leitwerte hängen von den verschiedenen Ausgangsvoraussetzungen ab: In welcher Branche bin ich tätig? In welchem Bereich der Führung möchte ich mich tatsächlich wiederfinden? Habe ich Ambitionen auf das Top-Level-Management? Fühle ich mich als sogenannter Sandwich-Manager wohl? Das ist sehr individuell, und letztlich verändern sich Wertebilder auch. Eine wichtige Frage, die dabei zu beantworten ist, ist auch: Wie viel Verantwortung möchte ich übernehmen? Je nachdem, welche Studie man sich durchliest, könnte man zu dem Schluss gelangen, dass kaum noch junge Menschen Verantwortung übernehmen wollen. Meiner Meinung nach legen wir den Grundstein dafür bereits mit der Erziehung. Im Idealfall lernen Kinder peu à peu, Verantwortung zu übernehmen. Ich habe den Eindruck, dass sich in den letzten Jahren eher das Gegenteil entwickelt hat: Kindern wurde mehr und mehr abgesprochen, Verantwortung zu übernehmen. Viele Eltern treffen vollumfänglich Entscheidungen für ihre Kinder, um sie beispielsweise vor etwas Schlechtem zu bewahren. Den positiven Grundgedanken dahinter verstehe ich. Gleichzeitig erachte ich es als gefährlich, Kinder vor allem und jedem behüten und beschützen zu wollen. Man kann Kinder nicht vor allem bewahren, und vor allem nehmen wir ihnen damit die Fähigkeiten, für sich selbst zukünftig Verantwortung übernehmen zu können und für sich selbst sorgen zu können. Hier kommen wir an einen Punkt, der mir in meiner Arbeit gerade mit jungen Führungskräften häufiger begegnet. Junge Führungskräfte tun sich in ihrer Entscheidungsfindung deutlich schwerer. Entscheidungen werden gerne so lange hinausgezögert, bis sich die Sache vermeintlich von allein erledigt oder jemand anderes die Entscheidung trifft. Es ist eine Form des Passierenlassens, des Passivseins. Ich gebe damit die eigene Handlungsfähigkeit aus der Hand. Trotz einer Position, in der ich eigentlich die Verantwortung für andere trage, bin ich nicht in der Lage, die Verantwortung tatsächlich vollumfänglich zu übernehmen. So kommt es mir zumindest vor.

Um hier die Jugend frühzeitig zu befähigen und zu stärken, braucht es einen gesunden Mix aus Ausprobierenlassen, auch Fehlermachenlassen und Entscheidungentreffenlassen. Natürlich braucht es hierfür altersangepasste Aufgaben. Ich kann nicht von einem vierjährigen Kind erwarten, dass es sich der Tragweite einer Entscheidung bewusst ist, ob es im Winter eine kurze Hose trägt und frieren wird, oder ob es besser eine lange Hose tragen sollte. Das können Kinder in dem Alter nicht einschätzen. Zehn Jahre später können sie das sehr wohl. Da können sie sogar noch viel mehr einschätzen. Das Urteilsvermögen bildet sich mit dem Alter aus und dafür ist es wichtig, geschult zu werden. Wenn das getan ist, dann haben junge Menschen auch später als junge Erwachsene ein viel besseres Gespür dafür, was sie sich selbst zutrauen können. Und das ist eine ganz wichtige Voraussetzung, um auch selbst Verantwortung übernehmen zu können.

Interessanterweise sind junge Menschen gerade aus der Generation Y und Z wieder viel mehr auf der Suche nach dem Sinn hinter ihrer Tätigkeit. Insgesamt stehen idealistische, eher sinnstiftende Wertorientierungen bei jungen Menschen wieder höher im Kurs. Sie sind heutzutage viel weniger bereit, sinnlose Tätigkeiten auszuführen.

Wodurch zeichnet sich eine „werthafte“ Unternehmung aus?

Nun ist es natürlich so, dass ein Unternehmen nicht die Aufgabe hat, die versäumte Erziehung der Eltern nachzuholen. Gleichwohl stehen Unternehmen vor der Herausforderung, junge Mitarbeitende zum einen für sich zu gewinnen und zum anderen auch dahin zu bringen, dass sie in eine Führungsposition gehen wollen. Ein möglicher Ansatzpunkt kann das Finden einer sinnstiftenden Tätigkeit sein. Dass manche Aufgaben auch heute noch nicht sinnstiftend sind, müssen wir zunächst einmal akzeptieren. Wenngleich ich glaube, dass viele der sinnfreien Tätigkeiten zukünftig durch Computer oder durch Automation übernommen werden können. Das sind Aspekte, die noch nicht in meiner Hand liegen. Doch als Führungskraft, als Unternehmer, kann ich meinen Fokus verändern und darauf ausrichten, was durch mich veränderbar oder beeinflussbar ist. Ich kann dafür sorgen, eine **werthafte Unternehmung** zu sein.

Sobald ich eine Unternehmung bin, die für gewisse Werte steht, für gewisse Prinzipien, und diese in Deckung bringe mit dem, was bei der jeweiligen jungen Person an Werten vorherrscht, erzeuge ich automatisch einen Sog. Und über diesen hinaus kann ich dann anfangen, einen Mitarbeitenden zu entwickeln. Auch hier machen wir es letztlich wie bei Kindern: Kinder bekommen auch nicht direkt mit drei Jahren den Autoschlüssel in die Hand gelegt und gesagt: „Mach mal, wirst du schon hinkriegen.“ So verhält es sich auch mit Mitarbeitenden. Ich gebe ihnen kleine Aufgaben und lasse sie sich bewähren, lasse sie das Selbstvertrauen und die Erfahrung sammeln. Im Endeffekt ist es eine Art später Prägung, vielleicht auch eine gewisse Form der Erziehung. Das darf jeder für sich selbst entscheiden. Über dieses Erfahrungsammeln, über dieses Ausbilden am Arbeitsplatz, Ausbilden in den Fachtätigkeiten und in den sozialen Fähigkeiten, kann dann auch das Verantwortungsgefühl steigen. Wenn dieses Gefühl gestiegen ist, das kennst du bestimmt auch von dir selbst, dann sind die Schuhe, in denen man läuft, irgendwann zu klein, dann möchte man mehr. Das ist etwas, was geweckt werden darf in den Unternehmen.

Kontinuität kann Wachstum und Zuverlässigkeit erschaffen.

Wie bei allem im Leben gibt es neben Licht auch Schatten, wie bei Bergen auch Täler oder bei Regen auch Sonne. Auch in diesem Fall gibt es in der eben aufgeführten Argumentation einen Gegenspieler. Es herrscht nämlich die gängige Meinung, dass ein häufigerer Unternehmenswechsel das Erleben anderer Einflüsse begünstige. Das ist das genaue Gegenteil von Kontinuität. Ist das miteinander vereinbar in der Zukunft? Eine pauschal richtige Antwort gibt es hierzu nicht. Am Ende muss jeder die Antwort auf diese Frage für sich selbst finden. Ich kann Menschen gut verstehen, die sich sehr wohl in einer Unternehmung fühlen und dort am liebsten 30 Jahre bleiben möchten. Und ich kann genauso Mitarbeitende nachvollziehen, die eine gewisse Rastlosigkeit in sich spüren und mehr erfahren wollen. Manches hat möglicherweise mit dem Alter zu tun, anderes mit der Branche. Gerade Letztgenanntes kenne ich von meiner Schwester. Sie arbeitet in der Hotellerie und dort ist es nahezu eine Grundvoraussetzung, sich in den ersten Jahren nach der Ausbildung regelmäßig zu verändern. Ein Wechsel alle zwei Jahre ist hier keine Seltenheit, sondern gängige Praxis.

Auch in den Streitkräften ist das so. Alle zwei, drei Jahre sollst du deinen Dienstposten verändern, um vermeintlich eine gewisse geistige Flexibilität beizubehalten und alte Strukturen nicht zu sehr einwachsen zu lassen. Auf der anderen Seite nimmt dir das auch eine gewisse Form der Stringenz. Bei der Bundeswehr ist es so, dass du immer wieder in komplett neue Aufgaben hineinkommst. Da ist der Rahmen zwar der gleiche, aber die Aufgaben sind unterschiedlich. Anders in der Hotellerie: Je nachdem, ob du dich fachlich weiterentwickeln willst oder ob du auf der gleichen Stufe stehen bleiben willst, sind die Häuser zwar unterschiedlich und die Kulturen in den Unternehmen auch, dafür ist die Tätigkeit identisch. Am Ende bleibt immer die Frage: Was möchte ich für mich? Könnte dieser Drang, mich permanent verändern zu wollen, etwas sein, was womöglich auch ein gewisser Fluchtgedanke ist? Ist es wichtig, Dinge auch mal aushalten zu können?

Für manche ist das schwer. Doch hier liegt der Ansatzpunkt nicht in permanenter Veränderung, sondern vielmehr im Suchen und Finden der eigenen Person, des eigenen Ichs. Und da sind wir wieder bei unseren Werten!

Beim Schreiben dieses Buches habe ich festgestellt, dass beispielsweise das häufige Wechseln der Schulen dafür gesorgt hat, dass ich mich schneller langweilen kann. Auch der regelmäßige Wechselwunsch für die einzelnen Dienstposten wurde dadurch begünstigt. Erst als ich anfing, mir über diese Themen mehr Gedanken zu machen, kam viel mehr innere Ruhe zustande. Und je mehr innere Ruhe in mir selbst hochkam, desto weniger stark wurde mein Bedürfnis, mich permanent verändern zu wollen. Desto mehr habe ich es wertgeschätzt, lange Zeit an derselben Stelle zu wohnen oder dieselbe Tätigkeit, dieselbe Arbeit zu haben. Häufiger Wechsel kann – muss nicht – auch eine gewisse Form des Wegrennens und des Aus-dem-Weg-Gehens sein.

Was draufsteht, muss auch drin sein

Unternehmen stellen ihr Leitbild häufig auf ihren Webseiten dar. Wie bei einer Schachtel Pralinen bin ich dann immer wieder neugierig, ob das, was draufsteht, auch drin ist. Leider Gottes ist vielfach genau das Gegenteil der Fall. Das größte Manko ist meines Erachtens nach, dass sich viele Unternehmen ein Leitbild auf die Fahne schreiben, von dem sie glauben, dass es nach außen hin gut klingt. Dass es etwas ist, das erwartet wird. Es wird immer noch sehr viel nach rechts und links geschaut, wie es der Wettbewerb handhabt, und dann eine gewisse Vergleichbarkeit hergestellt. Das ist jedoch genau der Punkt, den ich am wenigsten nachvollziehen kann. Denn kein Unternehmen gleicht einem anderen.

Gerne gebe ich hier mein eigenes Beispiel aus dem Coaching: Ich bin froh darum, dass der Markt eine solche Diversität an durchaus gut ausgebildeten Coaches aufbietet. Jeder Coach hat seine Methoden, Kompetenzen und vor allem Eigenheiten. Genau das finden wir auch auf Kundenseite wieder. Zu mir wird nicht jeder Kunde gleich gut passen. Auf der anderen Seite werden die Kunden, die zu meinem Vorgehen und meiner Persönlichkeit passen, bei anderen Coaches nicht genauso glücklich werden. An der Stelle finde ich es sehr viel klüger, im Verbund miteinander anstelle gegeneinander zu arbeiten. Meine Kunden schätzen es sehr, dass ich ihnen deutlich aufzeige, zu welchen Fragestellungen ich die perfekte Ansprechpartnerin bin und an welcher Stelle wir besser noch einen Kollegen hinzuziehen sollten.

Adaptieren wir das nun auf den Markt: An der Stelle, an der ich anfange, mein Leitbild anhand der Mitbewerber auszurichten oder abhängig mache von vermeintlichen Erwartungshaltungen anderer, verfälsche ich mich selbst als Unternehmen, bin nicht mehr authentisch, sondern unglaubwürdig. Ich persönlich möchte mit niemandem ein Geschäft machen, wenn ich nicht spüre, dass der Geschäftspartner voll hinter dem steht, was er sagt. Hier stellen sich dann einige Unternehmen die Frage, warum sie nicht authentisch wirken. Oder warum die Wahrnehmung nach außen hin inkonsistent ist.

Jedes Unternehmen sollte also ein Leitbild, ein Wertesystem haben. Doch das Leitbild darf nicht bestimmt sein durch das, was andere von mir erwarten, sondern muss bestimmt sein durch das, wofür wir als Unternehmung wirklich stehen. Und wer ist die Unternehmung? Die Unternehmung ist die Vielzahl seiner Mitarbeitenden. Die Unternehmung ist aufgebaut auf den Ideen des Gründers. Es lohnt sich, hier ein wenig zu graben und an die Wurzeln zurückzugehen: Wo liegen die Wurzeln des Gründungsgedankens? Vielleicht haben sich einige davon verändert und entwickelt. Vielleicht haben manche einen neuen Namen bekommen, sind aber immer noch das gleiche Kind. Authentizität ist der Schlüssel für alles.

Der rote Faden: Was strahle ich aus? Wen ziehe ich an?

Das Leitbild sollte sich wie ein roter Faden durch die Unternehmung ziehen. Das bedeutet im Umkehrschluss auch, dass ich das bis zum einzelnen Mitarbeitenden werte. Gerade wenn ich einen neuen Mitarbeiter oder eine neue Mitarbeiterin einstelle, stehe ich als Führungskraft oder auch als Personalverantwortlicher vor der großen Herausforderung, herauszufinden, ob der Bewerber wirklich zum Team und zum Unternehmen passt. Woher weiß ich, ob das in ihm „drin" ist, was er nach außen im Bewerbungsgespräch kommuniziert? So viel sei gleich vorweggesagt, dies ist die größte Herausforderung, vor denen alle Unternehmen stehen. An dieser Stelle möchte ich sämtliche On-boarding-Prozesse oder HR-Auswahlprozesse außen vor lassen. Denn hiermit beschäftigen sich eigene Berufsgruppen und der Markt bietet zahlreiche Profis, die bei diesen Fragestellungen unterstützen. Gerne möchte ich an dieser Stelle jedoch den Fokus darauf lenken, dass es mittlerweile einige Unternehmen gibt, die große Erfolge damit verzeichneten, dass die Angestellten selbst bei einem neuen Kandidaten mitentscheiden durften.

Wie am Anfang dieses Kapitels gesagt: Wir werden unbewusst immer wieder von Menschen mit ähnlichen Wertevorstellungen angezogen, und wir fühlen uns abgestoßen von denen, die vermeintlich gegen unser Wertesystem verstoßen. Das ist eins zu eins auf das bestehende Team adaptierbar. Gerade der Probezeit wird hierbei häufig nur ein einseitiges Gewicht beigemessen. Letztlich ist eine Probezeit immer eine Probe für beide Seiten. Zum einen ist es die Probe für das Unternehmen, ob der Mitarbeitende zu ihm passt. Auf der anderen Seite ist es auch die Probe für den neuen Mitarbeitenden, ob das Unternehmen zu ihm passt. Diese Zeit sollen und dürfen beide Seiten für sich nutzen. Eine große Chance bietet ein bereits gut eingespieltes Team. Ein gut funktionierendes und eingespieltes Team gibt es in meinen Augen immer dann, wenn die Wertevorstellungen der Einzelnen zueinander und im Ganzen auch zu denen des Unternehmens passen.

Möglichst viel Charakterdiversität innerhalb des Teams begünstigt diesen Punkt. Denn erst wenn ich immer wieder auch kontroverse Diskussionen zu Themen habe, die weit weg von Gleichförmigkeit sind, schaffe ich es auch, als Team und als Unternehmung zu wachsen. Erst dann habe ich auch genügend Einfluss. Und je diverser die Charakterstrukturen in einem Team sind, desto sicherer kann ich mir am Ende mit der Entscheidung für einen Kandidaten sein, wenn das Team sein Okay für diese Person gibt.

Gerade weil ein Personalauswahlprozess bzw. die Einstellung eines neuen Mitarbeitenden sehr viel Geld kostet und Budgetfragen in Unternehmen immer mit Argusaugen betrachtet werden, empfehle ich meinen Kunden immer wieder, sich für diese Schritte externe Unterstützung zu suchen, wenn die eigene Personalabteilung nicht mit genügend eigenen Profis aufwarten kann. Ob ich mir an dieser Stelle einen erfahrenen Headhunter dazu hole oder einen Coach engagiere, der sich genau auf diese Fachrichtung spezialisiert hat, ist letztlich egal. Wichtiger ist: Das Einstellen der falschen Person ist meist sehr viel teurer als die Investition in einen Profi. „Wer billig kauft, kauft zweimal."

Nur gelebte Werte sind echte Werte

Wie schaffe ich es nun, dass die Werte des Unternehmens im Leitbild verankert werden? Und wie kann ich als neue Führungskraft schnell herausfinden, ob diese tatsächlich auch gelebt werden? Zuallererst ist es wichtig, sich des Wertesystems der Unternehmung bewusst zu werden. Viele glauben, dass das Leitbild und die Werte etwas grundsätzlich Verschiedenes sein müssen. Im Endeffekt ist es nur ein unterschiedliches Wording für die gleiche Sache. Das heißt, wenn ich meine Werte als Unternehmung sortiert habe, dann brauche ich nichts anderes machen, als diese zunächst der Reihe nach aufzuzählen und anschließend mit ein paar Worten näher zu beschreiben. Schon habe ich mein erstes Leitbild. Wie findest du aber jetzt ganz schnell heraus, ob die berüchtigte Praline auch in der Schachtel enthalten ist? Ein Schlüssel, der auch für viele andere Situationen im Alltag anwendbar ist, ist die Möglichkeit der konkreten Fragestellung. Ich kann ganz konkret nachfragen, wie gewisse Dinge im Unternehmen gehandhabt werden und wie sie gelebt werden. Wenn ein Unternehmen beispielsweise Offenheit als einen ihrer Werte im Leitbild aufgegriffen hat, dann kannst du erfragen: „Wie genau gehen Sie damit um, wenn Sie merken, dass es in Ihrem Unternehmen innerhalb einer Abteilung rumort?“ Du wirst automatisch eine Antwort auf diese Frage erhalten, die dir schon viel Aufschluss geben kann. Ist die Antwort in sich stimmig? Fühlt sich das für dich authentisch an?

Authentizität ist hierbei wieder ein Kernelement.

Auch viele Disharmonien im Unternehmen lassen einen Rückschluss zum Wertesystem der Unternehmung zu. Im Grunde können wir hier sehr klar herausstellen, dass eine Mitarbeiterzufriedenheit eng gekoppelt ist an eine Identifikation zum Unternehmen. Die Identifikation ist als Ergebnis des Abgleichs der eigenen Werte mit den Unternehmenswerten zu sehen. Das bedeutet: Je größer die Schnittmenge aus beiden Bereichen ist, desto höher ist die persönliche Identifikation mit dem

Unternehmen. Je kleiner, desto weniger sehe ich mich mit dem Unternehmen auf einer Wellenlänge. Mitarbeitende, die zur letztgenannten Gruppe gehören, „underperformen“ deutlich mehr. Mitarbeitende der ersten Kategorie sind häufig sehr viel mehr bereit, die manchmal benötigte Extrameile zu gehen. Sie wissen, warum sie das tun und wofür.

Unternehmenswerte, die ideale Führung begünstigen

Da es in diesem Buch um gute Führung und Leadership geht, stellt sich abschließend noch die Frage, welche Unternehmenskulturen ideale Führung begünstigen und welche es eher nicht tun. Die Frage nach begünstigenden Unternehmenskulturen ist bei Weitem leichter zu beantworten als andersherum. Ein Grundaspekt für gute Führung ist Offenheit: **Offenheit über verschiedene Ebenen.** Zum einen geht es darum, wie Offenheit im Bereich der Kommunikation gelebt wird. Darf Kritik geäußert werden? Es gibt positive Kritik und es gibt Kritik, die Dinge anspricht, die nicht gut gelaufen sind. Darf also auch über Dinge gesprochen werden, die für den ein oder anderen erst mal unangenehm sein könnten?

Offenheit bezieht sich auch auf den Bereich der Arbeitsprozesse: Je klarer für andere nachvollziehbar ist, wie Dinge unternehmensintern ablaufen, desto besser und leichter gelingt es, auch übergreifend zu denken. Offenheit bezieht sich ebenso auf die vorherrschende **Fehlerkultur**. Inwiefern ist das Unternehmen beziehungsweise die Unternehmensleitung gewillt, eine ordentliche Fehlerkultur zu installieren? Wenn eine solche Kultur installiert ist, ist es zwingend notwendig, dass sich alle Ebenen daran halten und diese leben. Ein Beispiel ist die Bridgewater Associates. Ray Dalio beschrieb deren Handeln in seinem Buch „Die Prinzipien des Erfolgs“. Wenn ich mich traue, auch darüber zu sprechen, was nicht gut gelaufen ist, können wir das für andere Bereiche mitnehmen und dadurch auch die Offenheit bezüglich der Stärken und Schwächen jedes Einzelnen besser leben.

Offenheit ist in meinen Augen also eine Grundeigenschaft, die gute Führung begünstigen kann. Im Gegenzug dazu steht für mich die Verschlossenheit als Fehlkriterium für gute Führung. Je mehr jeder versucht, sein eigenes Süppchen zu kochen, desto schwieriger ist es, alle Bedürfnisse, alle Prinzipien unter einen Hut zu bringen und alle Aufgaben gut zu managen.

Fazit

Je klarer wir wissen, wer wir sind und wofür wir stehen, desto leichter gelingt es uns, den Herausforderungen des Alltags zu begegnen. Das gilt für uns als einzelnen Menschen wie auch für ein gesamtes Unternehmen. Kennen und leben wir unsere Werte, dann wird das Bild rund. Alles wird stimmig.

Wir können unser Außen nicht verändern. Wir können nur uns selbst verändern, und wir können verändern, wie wir das Außen sehen. Die ersten Buchstaben auf einer deutschen Computertastatur lauten: W, E, R, T. Zufall? Ich glaube nicht an Zufälle im Leben. Womöglich könnte das für uns auch ein täglicher liebevoller Reminder an unsere eigene Achtsamkeit im Umgang mit uns und unseren Werten sein?

*„If your actions inspire others,
to dream more, learn more, do more and become more,
you are a leader."
(John Quincy Adams)*

Leader on your Ship

Wie einfach ist es doch, im Leben über den Nachbarn zu meckern, die Arbeitsweise vom Kollegen zu bemängeln oder die Schuld immer bei anderen zu suchen. Dass wir hierbei gerne zunächst das Negative anstelle des Positiven vor Augen haben, ist wohl eine typisch deutsche Eigenschaft. Ich muss in solchen Momenten immer an das Lied „Lasse redn" von der Band „Die Ärzte" denken. Darin heißt es: *„… Es ist ihr eintöniges Leben, was sie quält und der Tag wird interessanter, wenn man Märchen erzählt."*

Für viele Menschen ist das Leben leichter zu ertragen, wenn sie bei anderen nach Fehlern suchen anstatt bei sich. Bei anderen erscheinen uns die Mängel nämlich häufig sehr viel offensichtlicher als bei uns selbst. Doch gerade Dinge, die wir bei anderen ablehnen, sind häufig genau die, die uns an uns selbst stören. Andere Personen fungieren unbewusst wie ein Spiegel, der uns situativ vorgehalten wird. Womöglich hast du auch schon das ein oder andere Mal im Leben versucht, den Menschen an deiner Seite, deinen Partner oder jemanden aus deinem Umfeld, zu verändern: Wenn er oder sie doch nur etwas ordentlicher sein könnte! Wenn er oder sie doch nur etwas weniger störrisch sein könnte! Und vielleicht findest du noch ein paar Beispiele mehr. Bestimmt ist dir auch schon aufgefallen, dass deine Änderungswünsche nie besonders fruchtbar und nachhaltig waren oder zu Streit und Unmut führten. Das hat einen bestimmten Grund. Wenn sich dein

Gegenüber nicht von sich aus verändern möchte, dann wirst du es erst recht nicht schaffen.

Wir können unser Gegenüber nie verändern. Wir können nur uns selbst verändern.

In dem Moment, in dem du dich selbst veränderst, wird sich auch dein Umfeld verändern. Nach und nach.

Du kannst das Ganze mit einem Billardspiel vergleichen. Stell dir die folgende Ausgangssituation vor: Vor dir liegen alle farbigen und halben Kugeln im Dreieck aufgereiht und die weiße Kugel auf ihrer Position. Nun stößt du die weiße Kugel mit dem Queue an. Im Idealfall hast du die anderen Kugeln getroffen und sie quer über die Platte verteilt. Nur durch die Veränderung der weißen Kugel hat sich das ganze Bild verändert. Doch selbst wenn du danebengetroffen hast und sich nur die Position der weißen Kugel verändert hat und alles andere liegen geblieben ist wie vorher, hast du aus der Vogelperspektive eine völlig neue Anordnung aller Kugeln. Du bist die weiße Kugel.

Was bedeutet das für dich? Das bedeutet, du kannst andere Menschen, deine Mitarbeitenden, erst führen, wenn du in der Lage bist, dich selbst zu führen.

Selbstführung kommt damit immer vor Fremdführung.

Selbstführung: Das eigene Schiff steuern können

Selbstführung bedeutet zum einen, dass ich in der Lage bin, meinen Alltag zu bewältigen. Ich bin in der Lage, mich als Person mit all den Dingen zu umgeben und auseinanderzusetzen, die ich brauche. Um zu leben, um zu überleben, um zu handeln. Heißt: Ich bin in der Lage, meinen Tagesablauf zu strukturieren. Ich bin in der Lage, die Aufgaben zu erledigen, die bewältigt werden müssen. Ich bin in der Lage, mir Ruhe und Pausenzeiten einzuräumen. Dadurch schaffe ich es, wieder mehr Raum zu haben, Luft zum Atmen, und mich auf andere zu fokussieren. Das ist das eine.

Selbstführung bedeutet gleichzeitig auch, sich selbst zu disziplinieren. Es wird im Leben immer Dinge geben, auf die ich keine Lust habe, die aber trotzdem gemacht werden müssen. Mein aktuelles Lieblingsbeispiel: die Umzugskisten zu packen. Viel lieber malere ich in meiner neuen Wohnung. Doch es hilft nix: Die Kisten packen sich nun mal nicht von alleine. Also darf ich mich hier disziplinieren und sagen: „Okay, wie packe ich das jetzt alles zusammen?“ Oder ich entscheide mich eindeutig: „Nein, ich finde diese Aufgabe so übel, dass ich sie an jemanden delegiere.“ Die Frage ist nur: Möchte ich, dass andere Menschen in meinen Klamotten herumwühlen? Hier darf jeder für sich entscheiden.

Ich könnte auch anders fragen: „Was brauche ich, um mich für Aufgaben zu motivieren, auf die ich selbst wenig Lust habe? Wie supporte ich mich selbst? Muss ich das überhaupt erledigen oder kann ich jemanden damit beauftragen?“ Gerade in Krisenzeiten muss ich als Führungskraft jemand sein, der in der Lage ist, sich und sein Leben zu organisieren. Schaffe ich das nicht, darf ich nicht erwarten, andere führen zu können. Schaue demnach zuerst bei dir selbst nach dem Motto: **Kehre erst vor deiner eigenen Tür, bevor du dir eine andere vornimmst.**

Vom Leader zur guten Führungskraft

Nun bist du womöglich schon sehr gut in deiner Selbstführung. Das macht dich allerdings nicht automatisch zu einem guten Leader und zu einer guten Führungskraft. Was gehört noch dazu? In diesem Kapitel werde ich dir dafür eine Vielzahl an Anregungen geben. In einigen Aspekten bist du vielleicht schon gut entwickelt, andere liegen möglicherweise noch brach. Lies dieses Kapitel gerne mehrmals. Es ist das Herzstück dieses Buches, so wie gute Führungskräfte das Herz einer Unternehmung sind.

Leadership ist meiner Erfahrung nach viel mehr als nur **Führung**. Es geht um Haltung, Werte und Prinzipien, und zwar im Hinblick auf die Unternehmung, auf die Mitarbeitenden und nicht zuletzt auch auf sich selbst. Leadership umfasst zum einen den Aspekt der Führung: Wie führe ich meine Mitarbeitenden, wie führe ich mich selbst? Wie führe ich meinen Alltag? Gleichzeitig geht es aber immer auch um **Employee Empowering** – und das ist der in meinen Augen viel wichtigere Aspekt von Leadership: Was kann ich als Führungskraft dafür tun, um meine Mitarbeitenden bestmöglich weiterzuentwickeln und zu fördern?

Das Ziel als Führungskraft ist die Entbehrlichkeit der eigenen Person.

Wenn meine Mitarbeitenden so gut sind, dass sie ihre Aufgaben selbstständig bearbeiten und neue Themen von sich aus sehen, wenn das Unternehmen auch bei meiner Abwesenheit wie ein geöltes Zahnrad läuft, dann habe ich einen großartigen Job gemacht. Gleichzeitig habe ich so viel Vertrauen erweckt, dass meine Mitarbeitenden wissen, dass ich immer da bin. In Krisenzeiten bin ich der Fels in der Brandung. Das ist Leadership.

Zur „Grundausstattung“ jedes Führenden gehören für mich die folgenden Aspekte:

Sei jemand, der sehr gut in der Lage ist, sich selbst zu reflektieren.

Sei jemand, der sich immer wieder auch mit sich selbst auseinandersetzen will.

Sei jemand, der dazu stehen kann, wenn Entscheidungen falsch waren, und das Rückgrat hat, eine Entscheidung zu revidieren.

Wann wirkt Führung „gut“ oder „schlecht“?

Ich durfte in meiner Zeit beim Militär wie auch in der Wirtschaft sehr gute Dinge erleben – und auch unsagbar schlechte. Die guten Dinge habe ich für mich und meinen Führungsstil übernommen. Die Unsäglichen halte ich mir mahnend immer wieder selbst vor Augen und richte meinen eigenen Kompass daran aus.

Am schwierigsten empfand ich es immer, wenn eine Führungskraft unberechenbar war. Nicht zu wissen, ob die Aussage, die du erhalten hast, auch am nächsten Tag noch Gültigkeit haben wird, oder ob sie tagesformabhängig ist, versetzt dich als Geführten in eine permanente Unsicherheit. Oder wenn ein Vorgesetzter aus purer Übellaunigkeit von dir vorbereitete Arbeitspapiere rot markiert und wortlos zurückgehen lässt, manchmal nur, weil auf der ersten Seite ein Komma fehlt und dadurch das restliche Papier gar keine weitere Beachtung findet. Ich habe es auch mal erlebt, dass mich ein Vorgesetzter aus purer Langeweile in sein Büro zitierte, um mich zu fragen, wann ich denn mal Mist machen würde. Ihm sei langweilig und er könne dadurch wieder etwas mehr Arbeit gebrauchen. Ein weiterer Vorgesetzter, den ich zum Studienbeginn kennenlernte, brüstete sich bei der Kennenlernveranstaltung vor dem versammelten Auditorium damit, dass er sich seinen Studienabschluss eingeklagt hätte. Das alles wirkt natürlich nicht gerade vertrauenerweckend.

Auch mangelnde Kommunikation ist ein Signal für schlechte Führung. Zum Beispiel wenn eine Führungskraft Informationen gezielt zurückhält, weil sie vermeintlich durch Wissensvorsprung führen will, diese Wissenslücke beim Geführten dann allerdings dafür sorgt, dass der Auftrag nicht wunschgemäß erfüllt werden kann. Zu jeder erfolgreichen Auftragserfüllung ist es wichtig, dass die Beteiligten sämtliche benötigten Informationen erhalten. Geschieht das nicht, sind Unzufriedenheit und Frustration eine häufige Folge.

Das Nichtvorhandensein einer ordentlichen Fehlerkultur im Unternehmen ist ein weiteres Beispiel für unzureichende Führung. Mein Verständnis ist es, dass ich mich als Führungskraft nach außen hin immer vor meine Mitarbeitenden zu stellen habe. Achtung: Das bedeutet nicht, dass ich Fehler intern nicht kritisiere. Selbstverständlich habe ich als Führungskraft mit meinen Mitarbeitenden zu sprechen, wenn Dinge schlecht gelaufen sind. Nur so kann der Fehler hier und gleich abgestellt werden. Doch nach außen ist es meine Aufgabe, für meine Mitarbeitenden eine unantastbare, geschützte Welt zu gestalten. Dafür bin ich Chef. Hier zeigt sich, ob ich wirklich Fels in der Brandung bin.

Ein „Dauerbrenner" von Führung, die zu wünschen übrig lässt, ist auch das sogenannte Micromanagement. Viel zu viele Führungskräfte verlieren sich nach wie vor in Detailarbeit. Sie erledigen Aufgaben selbst, die gut delegierbar wären. Wo liegt hierbei eigentlich das Problem? In dem Moment, in dem ich mich in solchen Kleinstaufgaben verliere, habe ich keine Zeit für den Rundumblick, bekomme womöglich gar nicht mit, ob es bereits an einer anderen Stelle brennt.

Im Bereich der Führungskräfteausbildung bei der Marine habe ich meinen Lehrgangsteilnehmern immer einen Tipp an die Hand gegeben: „Sucht euch einen möglichst guten Beobachtungsplatz am Rand des Geschehens, von dem aus ihr die gesamte Lage im Überblick behalten könnt." So waren die Teilnehmer immer in der Position, alles im Blick behalten zu können und gleichzeitig ihre Entscheidungen jederzeit auf eine Lageänderung anpassen zu können.

Was heißt das für die Wirtschaft? Auch hier kann ich mir einen Platz am Rande des Geschehens suchen, der mir einen guten Überblick und Handlungsfähigkeit bietet. Das erreiche ich zum einen schon dadurch, dass ich mich eben nicht durch Sisyphustätigkeiten vom Eigentlichen ablenken lasse.

Sehr häufig wird dabei außer Acht gelassen, dass eine Führungskraft im Idealfall keinerlei Fachaufgaben erledigt. Sie ist für das Führen zuständig, und das ist ein Fulltimejob. Nun bin ich mir natürlich darüber im Klaren, dass das zum einen in nahezu keinem Unternehmen so umgesetzt wird und zum anderen, je nach Hierarchieebene, derzeit auch noch nicht umsetzbar ist. Es fehlen oft die unternehmerischen Rahmenbedingungen und dann gibt es da auch noch die sogenannten liebgewordenen Kinder. Das sind genau die Arbeiten, die uns leicht von der Hand gehen, uns im Alltag ein Erfolgserlebnis bescheren und eigentlich zu 0,0 Prozent durch uns selbst zu erledigen sind. Es sind delegierbare Aufgaben.

Vielen stellt sich hierbei jedoch häufig eine Hürde in den Weg: Das eigene überzogene Ego oder, besser gesagt, ein geringer Selbstwert und der manchmal mühsame Weg des Anlernens meiner Mitarbeitenden. Denn was auf der einen Seite so selbstverständlich wie normal erscheint, kostet gerade am Anfang Zeit. Es ist die Zeit, die ich meinem Mitarbeitenden geben muss, diese Aufgabe selbstständig bewerkstelligen zu können und dabei gleichzeitig zu akzeptieren, dass dieser zur Lösung der Aufgabe vielleicht auch einen eigenen, anderen Weg wählt.

Daher mein Appell: Finger weg vom Micromanagement.

Selbstverständlich gibt es auch leuchtende Sterne am Firmament, die wirklich Freude machen. Ich bin beispielsweise jemand, die es mag, als Mitarbeiterin „laufen gelassen" zu werden. Glücklicherweise hatte ich in all den Jahren auch einige wenige Vorgesetzte, die auf dieser Klaviatur hervorragend zu spielen wussten. Einer ist mir davon ganz besonders in Erinnerung geblieben. Er gab mir eine sehr klare Zielvorstellung an die Hand und sagte mir, wo meine linken und rechten Grenzen waren. Das war alles. Dazwischen ließ er mich einfach machen. Ich fand das super. Es war genau das, was ich brauchte.

Auch eine weitere Führungskraft ging mit einem hohen Vertrauensvorschuss in unsere (Arbeits-)Beziehung. Bei ihm wusste ich genau: Wenn es nicht mehr lief, dann würde ich mir richtig Ärger einhandeln, und solange es gut lief, konnte ich tun und lassen, was ich wollte. Für mich war das genau richtig so. Ich brauche diesen hohen Freiheitsgrad in meiner Arbeit, um Bestleistungen präsentieren zu können und es auch zu wollen.

Das Ganze lässt sich sehr einfach unter einer Überschrift zusammenfassen: Vertrauen.

Vertrauen ist die Basis von allem, in unseren privaten Beziehungen wie auch im Berufsumfeld. Wenn ich Vertrauen in meine Mitarbeitenden habe, dann brauche ich mir über Motivation keine Gedanken zu machen. Mangelnde oder hinreichende Motivation sind kein Hebel mehr, den ich an dieser Stelle noch bedienen muss. Denn Motivation kommt immer aus dem Mitarbeitenden selbst. Als Führungskraft liegt hierbei die „simple" Aufgabe darin, einen passenden Rahmen dafür zu schaffen.

Du bist der Steuermann, die Steuerfrau

Im Folgenden zeige ich dir, was Selbstführung alles bedeuten kann, und dass du es immer selbst in der Hand hast, was du aus einer Ausgangssituation machst: Denn du bist der Steuermann, die Steuerfrau. Niemand sonst. Ein wirklich großes Highlight für mich war das Feierliche Gelöbnis vor dem Bendlerblock im Jahre 2012. Dieses Gelöbnis findet jährlich am 20. Juli entweder vor dem Bendlerblock oder dem Reichstag in Berlin statt. Es ist der Jahrestag des Attentats auf Hitler, und es nehmen mehrere Hundert Soldaten aus allen drei Teilstreitkräften (Heer, Marine, Luftwaffe) daran teil. Die Deutsche Marine ist mit einer einzigen Abordnung vertreten. Häufig wird das Ganze auch live im Fernsehen und im Internet übertragen.

Zunächst war ich absolut gar nicht begeistert, zu dieser Veranstaltung hinzufahren. Das lag vorrangig daran, dass ich erst fünf Tage vor Abfahrt[2] von meinem damaligen Chef erfuhr, dass ich ihn vertreten müsse und die Abordnung mit insgesamt ca. 50 Soldaten anführen sollte. Für mich bedeutete das: Wochenenddienst, unzählige Überstunden und ein komplettes Über-den-Haufen-Werfen meiner Planungen der Folgewoche. Mangelhafte Kommunikation und Missgunst in der Dienststelle waren an anderer Stelle schon häufiger ein großes Hemmnis gewesen und erschwerten den Start zusätzlich zu dieser sehr wichtigen und repräsentativen Aufgabe. Doch wie heißt es in den Streitkräften so schön: „Leben in der Lage."

---

[2] *Am Donnerstagmorgen erfuhr ich, dass ich am Sonntag mit dem Tross mitreisen solle bzw. am Montag nachfahren solle, da ich vorab noch einen anderen Termin in einer 400 Kilometer entfernt liegenden Dienststelle hatte.*

Nach einigen Anfangsstolpersteinen in der Vorbereitungswoche war der große Tag endlich gekommen. Rund um die Festveranstaltung fand ein großes Rahmenprogramm statt und stimmte die Angehörigen und Besucher bereits im Vorhinein freudig ein. Da ich gebürtige Berlinerin bin, ließen es sich mein Vater und meine Oma nicht nehmen und kamen ebenfalls. Stolz wie Bolle liefen sie den Tag an meiner Seite und ich freute mich, sie etwas an dem Leben, das so anders war als das ihrige, teilhaben lassen zu können. Langsam näherte sich der Ernst der Stunde und wir fuhren von der Julius-Leber-Kaserne, an der alle Vorbereitungen und das Rahmenprogramm stattfanden, zum Bendlerblock. Unter Polizeieskorte reisten mehrere Reisebusse mit allen Soldaten an, die für diese Veranstaltung aus der gesamten Bundesrepublik zusammenkamen. An der Stelle fing auch mein Herzschlag an, deutlich Fahrt aufzunehmen. Die Nervosität ließ sich nicht mehr abschütteln. Doch bevor es ans Antreten ging, gab es für die Fahnenabordnung[3] und die militärische Führung, sprich den Spieß[4] und mich als Marinevertreter, noch die Teilnahme am Empfang. Um meine Nerven im Griff zu behalten, musste ich mir buchstäblich etwas Mut antrinken. Ein kleines Gläschen Sekt mit Orangensaft sollte es richten. Im ersten Moment half das auch.

Was ich jedoch im zweiten Schritt nicht berücksichtigte, war, dass mein Kreislauf nach Sekt immer ordentlich in Wallungen gerät. Nun denn, kneifen war nicht. Endlich war es dann so weit. Unsere Abordnung sammelte sich mit den Vertretern der anderen Streitkräfte und wir warteten auf den Einmarsch. Ab dem Punkt fühlte ich mich wie auf Autopilot gestellt. Ich spulte ab, was ich all die Jahre zuvor immer wieder gelernt hatte. Alles lief genauso, wie es laufen sollte: Ich vermied erfolgreich das Stolpern beim Gang zur Meldung der Formation direkt vor dem Publikum. Auch die Kommandos an meine eigene Truppe funktionierten wie am Schnürchen. Im Anschluss kam nur noch das „bisschen“ Stehen.

---

[3] *Das sind die Soldaten, die nachher zum Feierlichen Gelöbnis an die Fahne vortreten.*
[4] *Mutter der Kompanie und Ansprechpartner für alle Belange des Innendienstes.*

Wer schon einmal an einer solchen Veranstaltung teilgenommen hat, weiß, dass diese gut und gerne zwei Stunden dauern kann. Während wir hier nun also standen, wurde es draußen immer wärmer. Schließlich war die Nachmittagszeit erreicht und wir hatten etwa 25 Grad Außentemperatur. Meine Kopfbedeckung wurde gefühlt immer enger und so kam es, dass das senkrecht angeordnete Blumenbouquet, das beidseitig neben dem Rednerpult stand, vor meinen Augen auf einmal zu einem sich drehenden Kranz wurde. Ich merkte sekündlich mehr, wie mein Kreislauf wegsackte. Meine Gruppenführer links von mir waren schon in Alarmbereitschaft versetzt, mich im Falle des Umkippens schnell nach hinten wegziehen zu können – ein Standardvorgehen in der angetretenen Formation. Das durfte NICHT passieren. Niemals. Ich war die einzige Frau, die eine Formation führte. Wir waren zusätzlich die einzige Marineformation. Allein schon durch unsere Uniform fallen wir auf.

Ich kämpfte. Ich kämpfte mit jeder Pore. Hinter meinem Rücken knetete ich meine Hände wie verrückt. Parallel dazu krampfte ich meine Zehen immer wieder an und aktivierte die Fußpumpe[5]. Um jeden Preis wollte ich hier bestehen. Ich wollte es mir und den anderen unbedingt beweisen. Ich wollte meine Familie unbedingt stolz auf mich machen. So langsam merkte ich, wie sich mein Kreislauf wieder stabilisierte. Auch meine Truppe hielt erstaunlich gut durch und es kippte bei uns nur ein Soldat um. Auch der Ausmarsch (endlich!) klappte wie am Schnürchen, und draußen angekommen, klopften wir uns alle gegenseitig auf die Schulter und gratulierten uns. Emotionen im „Überschwang" also, ganz marinetypisch wie immer. Mehr wäre übertrieben und dem Stand sowie dem Anlass nicht gerecht.

---

[5] *Eine Methode, die junge Soldaten schon in den ersten Tagen lernen und die ihnen helfen soll, das Blut zu zirkulieren und den Kreislauf aufrechtzuerhalten.*

Wir alle hatten unseren Beitrag zum großen Ganzen geleistet, auch wenn nicht alles einfach gewesen war. Doch das Endergebnis war der Ausdruck guter Führung und vor allem auch guter Selbstführung. Ich hatte gewusst, was zu tun war, und ich war in der Lage gewesen, mich und meine Truppe durch das Ereignis hindurchzuschippern. So sehr mich diese Situation im Vorhinein verärgert und herausgefordert hatte, umso stolzer blicke ich noch heute auf die Zeit zurück und erinnere mich augenzwinkernd an die kleinen Stolpersteine.

Ein weiteres Beispiel, an das ich mich ebenfalls sehr gerne erinnere, war das sogenannte Kutterpullen. Es fand im Rahmen der Bootsmannausbildung[6] für die Bootsmannanwärter statt. Kutterpullen ist eine Form des Ruderns mit bis zu zwölf Personen. Mit gut 20 Personen machten wir immer zwei Kutter klar und stachen in See. Ziel sollte es sein, dass alle merkten, wie sehr sie sich gegenseitig brauchten, um solch einen schweren Kutter nur allein mit den Riemen[7] und ihrer Muskelkraft zu bewegen. Doch auch harte Ausbildung darf Spaß machen, der Meinung war ich zumindest immer. Regelmäßig veranstalteten wir kleine Wettkämpfe mit den beiden Kuttern und versuchten dabei, die Gegner mit Wasser zu bespritzen oder ihnen Gegenstände von Bord zu mopsen. Bei schönem Wetter durften die Lehrgangsteilnehmer auch baden gehen. Auch hier mussten sie sich beim Zurückklettern ins Boot helfen. Nicht selten liefen wir völlig nassgespritzt und mit Lachtränen in den Augen wieder zurück in den Hafen ein.

Diese Situationen zeigten mir und uns allen, dass wir gemeinsam lachen und Spaß haben dürfen, Freiheiten genießen können und gleichzeitig lernen, wann es wichtig ist, gemeinsam an einem Strang zu ziehen und zum Erfolg des großen Ganzen beizutragen.

---

[6] *Das ist der militärische Anteil der Meisterausbildung bei der Marine.*

[7] *Der Riemen ist ein Vortriebsmittel für Ruderboote und Ruderschiffe.*

Vielleicht hast du in deiner Vergangenheit auch Situationen erlebt, bei denen du als Führungskraft sehr gefordert wurdest. Möglicherweise auch überfordert, auf den ersten Blick betrachtet. Sieh sie dir im Rückblick noch einmal durch eine andere Brille an: Was könnte der andere, zum Beispiel dein Vorgesetzter, damit beabsichtigt haben? Gab es zum Zeitpunkt der Entscheidungsfindung und unter gleichem Kenntnisstand Alternativen für ihn? Wie hättest du dich damals in seiner Position entschieden?

Die Versöhnung mit unserem Handeln in der Vergangenheit ist ein erster Schritt in der guten Selbstführung.

Von Vorbildern lernen

Bei allem, was wir tun, nehmen wir uns meistens andere Menschen als Vorbild, um zu beurteilen, ob wir Dinge gleich oder anders machen wollen. Ich hatte das große Glück, einen hervorragenden ersten Chef zu haben. Dieser gab mir, auch unbewusst, viel für meinen heutigen Weg mit: Er war mein erster Chef auf meinem ersten richtigen Dienstposten nach dem Studium und lehrte mich, was es heißt, neben aller Fachlichkeit auch der **Menschlichkeit und Zwischenmenschlichkeit** Bedeutung zu schenken. Ihm war es immer wichtig, zu hören, wie es mir geht, sogar in einer Zeit, als er schon gar nicht mehr für mich zuständig war.

Woran ich mich immer dankbar erinnern werde, ist, dass dieser Chef während einer eigenen Dienstreise mit sehr eng gestecktem Zeitplan einmal zu mir sagte: „Lassen Sie uns mal zusammen zu Mittag essen gehen." Dabei interessierte er sich aufrichtig und authentisch über die Situation auf der neuen Dienststelle, die für mich mehr als unerträglich war, und wollte meine Einschätzung zur Situation wirklich hören. Er stellte Rückfragen und hörte zu. Er nahm mich ernst und auch wenn dies doch eigentlich das Normalste der Welt sein sollte, erlebe ich leider sehr häufig bei meinen Kunden, dass es in ihren Unternehmen schon an diesen einfachen Dingen hakt. Jener Chef stand mir mit Rat und Tat beiseite. Selbst dann, als er schon nicht mehr mein direkter Vorgesetzter war. Er war wie ein Leuchtturm für mich, ein Leuchtschweif am Horizont, der mir auch nach meinem Dienstpostenwechsel noch mental den Weg weisen konnte.

Solche Handlungen haben in einem Struktursystem wie der Bundeswehr unglaublich viel positives Gewicht. Ich weiß gar nicht, ob ihm dies damals vollumfänglich bewusst war. Für mich legte dieser Mann einen Grundstein dafür, wie ich mit meinen Mitarbeitenden umgehe. Egal wie gut oder schlecht es bei der Arbeit läuft oder wie ich die fachliche

Leistung bewerte, ich vergesse nie, dass hinter meinem Mitarbeitenden immer auch eine Privatperson steht. Ein Mensch, der Gefühle und Bedürfnisse hat, die im ersten Schritt einfach nur gehört und wahrgenommen werden wollen. Oft braucht es gar nicht viel mehr.

Echte Beziehungen sind Gold wert

Leider wird immer noch viel zu sehr unterschätzt, welchen Einfluss eine gute, ehrlich aufeinander eingestellte Beziehung auf den Arbeitsalltag hat. In vielen Köpfen existiert der Irrglaube, dass Arbeit ein reines oberflächliches Tauschkonzept von Arbeitskraft und Zeit gegen Bezahlung sei. Wenn das tatsächlich so einfach wäre, würde es in jedem Unternehmen wie am Schnürchen laufen und höchste Zufriedenheit vorherrschen. Dass dem nicht so ist, zeigt die jährlich erscheinende Gallup-Studie. „Nur 15 Prozent der Beschäftigten waren zuletzt (2018) mit Hand, Herz und Verstand bei der Arbeit. Die Zahl der ‚inneren Aussteiger' lag bei 14 Prozent, während 71 Prozent der Beschäftigten lediglich Dienst nach Vorschrift machten." [8] Hochgerechnet bedeutet das, dass 31,211 Millionen Erwerbstätige unzufrieden sind und ihr Potenzial nicht voll ausschöpfen. Mich erschreckt dieses Ergebnis und es zeigt mir gleichzeitig, wie viel Entwicklungspotenzial in dem Thema steckt, wenn viele Führungskräfte doch nur endlich wach würden.

---

[8] *Nink, Marco (2018), Engagement Index: Die neuesten Daten und Ergebnisse der Gallup-Studie, München: Redline Verlag, S. 27.*

Bitte keine Rollen spielen!

Im Querschnitt zeigt sich bei meinen Kunden und dem, was ich bei Kollegen erlebe, dass eine der größten Herausforderungen für viele Führungskräfte darin besteht, dass sie glauben, in ihrer Position eine Rolle spielen zu müssen. Ihr Selbstbild ist häufig viel zu stark durch gefühlte Erwartungshaltungen von anderen unterfüttert. Sie glauben, dass das, was beispielsweise durch Funk, Fernsehen und Printmedien suggeriert wird, oder das, was sie in ihrem Umfeld aufschnappen, tatsächlich so sein müsse.

Durch diese Erwartungshaltung trauen sich viele nicht, ihr wahres Ich auch als Führungskraft zu zeigen.

Es scheint fast so, als würden sie morgens beim Gang ins Büro in eine Art Uniform schlüpfen, die sie abends, wenn sie nach Hause gehen, wieder ausziehen, um wieder die ursprüngliche Person zu sein.

Dahinter liegt die irrige Annahme, dass beide, Führungskraft und Privatmensch, zwei völlig verschiedene Personen sein müssten und sie sich entscheiden müssten: Ich kann entweder nur Führungskraft oder nur Privatperson sein. Doch wer sagt, dass es diese Trennung braucht? Kann ich nicht auch beides gleichzeitig sein?

In meiner Welt geht beides. Denn ich entscheide, wie viel ich von meinem Privatleben im Business zeige, bzw. adaptiere auch Verhaltensweisen aus dem privaten Bereich im Business – oder lasse Dinge weg. In allem, was ich mittlerweile tue, bin ich jedoch immer ich. Es gibt keinen Unterschied zwischen meiner Privatperson oder mir „im Business“.

Dieser Erkenntnisgewinn, beides gleichzeitig sein zu können und zu dürfen, kann ein großes Gefühl von innerer Zufriedenheit und auch stärkerer Akzeptanz (innen und außen) mit sich bringen.

Die wahre Ursache behandeln, nicht nur das Symptom

Diese Art von „Rollenspiel“ hat oftmals Schutzfunktion. Ich erlebe das auch häufiger in meinen Coachings. Fast allen Klienten fällt es anfangs schwer, sich zu öffnen. Unser Verhalten dient uns ja auch immer wieder als ein Schutzschild, zum Beispiel um uns vor Verletzungen zu bewahren.

Häufig sind es dementsprechend zunächst äußerliche Themen, mit denen ein Klient zu mir kommt. Das kann der Wunsch nach einer Gehaltserhöhung sein, das kann ein Konflikt mit einem Mitarbeitenden sein zu einem Thema über unsachgemäße Arbeitsausführungen oder das Nichteinhalten von Anweisungen. Die Bandbreite ist sehr groß. Wenn wir dann mit unserer gemeinsamen Arbeit anfangen, definieren wir im ersten Schritt, was das Ziel des Coachings ist. Auf dieser Basis gucken wir weiter, ob das, was die vermeintliche Ursache ist, wirklich ursächlich ist oder ob noch etwas anderes dahinterliegen könnte.

Für mich ist es äußerst wichtig und eine Grundvoraussetzung, dass wir nicht nur eine kurzfristige Symptombehandlung betreiben. Mein Lieblingsbeispiel hierzu ist die wohlgepriesene Voltaren-Salbe, das Allheilmittel der Bundeswehr für alles. Ich persönlich möchte immer wissen, ob der Schmerz wirklich aus dem Ellenbogen kommt oder ob es nicht eigentlich die Schulter ist, die betroffen ist. Ich behandle in dem Fall lieber die Schulter.

Sehr häufig stellt sich dann heraus, dass die äußerlichen Themen, mit denen die Führungskräfte zu mir kommen, in Wahrheit innerliche Themen sind. Es sind Bereiche, die mit ihnen als Person zu tun haben, mit ihrem Denken, ihren Wertevorstellungen, ihren Moralvorstellungen und mitunter auch mit dem eigenen Anspruchsdenken, der eigenen Selbstachtung und dem eigenen Selbstwert. Wenn wir dort ansetzen, dann kommt tatsächlich auch sehr schnell eine starke, vertrauensvolle Basis zustande, wir entwickeln gemeinsam Lösungsansätze, und die vermeintlich äußerlichen Themen ergeben bzw. erledigen sich dann oft meist von selbst.

Weniger Oberflächlichkeit, mehr Tiefe

Es zeigt sich einmal mehr, dass wir in der heutigen Zeit von der Oberflächlichkeit wieder hin zu mehr Tiefgründigkeit gehen sollten. Tiefe ist ein Grundbedürfnis, das häufig, wenn überhaupt, nur im Privatleben gelebt wird. Die Trennung bzw. Abspaltung hat allerdings spätestens langfristig einen toxischen Einfluss auf unsere mentale Gesundheit. Und alles, was uns mental belastet, begünstigt auch körperliche Erkrankungen, die chronisch werden können oder im schlimmsten Falle zum Tode führen.

Aus diesem Grund habe ich mich entschieden, von einigen Dingen aus dem Bereich Führung Abstand zu nehmen, die ich bei der Bundeswehr erlernte. Für meine Gesundheit war beispielsweise das **Loslassen straffen Hierarchiedenkens** heilsam. Auch wenn mein Führungsstil in den Streitkräften nicht an ein Hierarchiedenken angelehnt war, ließ sich das durch das Rahmenkonstrukt doch nie ganz abschütteln. Für mich war schon immer klar, dass sich der Wert und die Aussagekraft einer Person nicht an ihrer Position misst oder daran, welchen Verantwortungsbereich sie innehat. Die Toilettenfrau ist in meinen Augen genauso wertvoll als Mensch wie der Vorstandschef eines DAX-Unternehmens. Letztlich führen sie nur verschiedene Jobs aus. Wenn jemand Menschen auf sehr unterschiedliche Weise behandelt, dann zeigt mir das sehr viel über seinen Charakter.

Von solchem Verhalten distanziere ich mich sehr stark. Der zweite Punkt, von dem ich persönlich Abstand nehme, ist das **starre Beharren auf der eigenen Meinung** aufgrund des eigenen Dienstgrads. Ein Dienstgrad oder eine Führungsposition in einem Unternehmen bedeutet nicht per se, dass derjenige recht hat. Je eher ich in der Lage bin, mir selbst gegenüber und auch anderen gegenüber Fehler oder Fehlentscheidungen einzugestehen, desto authentischer werde ich und desto eher vertrauen mir meine Mitarbeitenden. Das Revidieren der

Entscheidung ist nur der erste Schritt. Der Zweite ist das Ziehen der notwendigen Konsequenzen, zum Beispiel einen beginnenden Diskurs auch zuzulassen.

Alleine diese Dinge haben großen Einfluss auf die Wahrnehmung einer Führungskraft. Die Führung in der Bundeswehr habe ich diesbezüglich als sehr durchwachsen erlebt. Die Personen, die ich vorbildhaft fand, waren häufig Menschen, die sehr in sich ruhten.

Es gibt in meinen Augen einen engen Zusammenhang zwischen einer sehr in sich ruhenden Person und einer tollen Führungskraft.

Gleichzeitig erlebte ich Menschen, die auf ihrer Position definitiv nichts zu suchen hatten. Ich sah Führungskräfte, denen Personalverantwortung gar nicht erst hätte an die Hand gegeben werden dürfen. Sie waren vielleicht fachlich top, doch zwischenmenschlich betrachtet nicht in der Lage, verantwortungsvoll mit den ihnen anvertrauten Mitarbeitenden umzugehen. Mir zeigte sich das wiederholt darin, dass Mitarbeitende kleingemacht oder kleingehalten wurden, nur um den eigenen Status zu sichern.

Je klarer dir diese Punkte werden, desto stärker werden dir Defizite ins Auge fallen, bei dir selbst und bei anderen. Wie wirst du für dich damit umgehen? Denn wie im Beispiel mit der weißen Billardkugel gesehen – verändern können wir immer nur uns selbst beziehungsweise unsere Einstellung zu den Dingen.

Jede Hürde, die dir im Bereich des Leaderships begegnet, könnte eine mögliche Entwicklungsaufgabe für dich sein, die dich weiter wachsen lässt.

Der Unterschied zwischen Teams und Gruppen

Je größer die Anzahl der Menschen ist, die du führst, oder auch je weiter diese über die ganze Welt (an unterschiedlichen Arbeitsplätzen, auch im Homeoffice) verteilt sind, desto diffiziler wird deren Führung. Hier kann es sinnvoll sein zu unterscheiden, ob du es mit einem Team oder einer Gruppe zu tun hast. Ein Team ist leichter zu führen als eine Gruppe. Um dir die Unterscheidung zu erleichtern, findest du nachfolgend eine kurze Differenzierung.

Gruppen sind durch Mitglieder gekennzeichnet, die ihre eigenen individuellen Interessen haben, auf das Ergebnis hinzuarbeiten. Sie sind nicht unbedingt motiviert, mehr zu teilen und zusammenzuarbeiten, als notwendig ist.

Teams teilen ein gemeinsames Ziel. Sie arbeiten zum Wohle des Teams zusammen und nicht aus Eigeninteresse. Wenn man sich den Output eines Teams ansieht, ist es schwierig, die Arbeit einer einzelnen Person aufgrund der Teamsynergien klar zu unterscheiden. Teamarbeit ist im Wesentlichen kollaborativ. Wenn Menschen anfangen, in einem Team zu arbeiten, ist es ein häufiger Fehler, ihr Projekt in einzelne Aufgaben zu teilen und sie dann gegen Ende in einer Art Synthese zusammenzuführen. Dieser Ansatz scheint oft der effizienteste Weg zu sein, aber in der Praxis ergeben sich daraus viele Probleme. Oftmals zeigt sich dann, dass hier eher als Gruppe denn als Team zusammengearbeitet wird.

Ich sammle in meinem nahen Umfeld derzeit häufiger die Erfahrungen, dass Teamarbeit vor allem im Bereich der IT vorherrschend ist: Da arbeiten sehr viele verschiedene Menschen miteinander, die in unterschiedlichen Kontinenten und Ländern angeordnet sind, und diese Konstellation funktioniert. Es gibt eigene Chatprogramme, die online genutzt werden können (nicht WhatsApp). Und es gibt die Möglichkeit, komplett agil zu arbeiten à la Scrum oder Kanban. Manchmal werden auch einfach nur Teiltechniken herausgezogen. All das funktioniert hervorragend, solange ich einem Mitarbeitenden nicht einfach nur sage: „Mach mal" oder „Ihr macht das schon". Vielmehr muss ich die Mitarbeitenden mitnehmen, so wie wenn ich sie auf einen Führerschein vorbereiten würde.

Jeder, der seinen Autoführerschein gemacht hat, hat vorab die Befähigung dazu an die Hand bekommen. Theoretisch und praktisch. Diese Befähigung hat er dadurch erhalten, dass der Fahrlehrer ihm die Grundlagen vermittelt und bei den Fahrstunden neben ihm gesessen hat. Bei allen Fahrstunden. Nach erfolgreichem Ablegen der Prüfung war der Rest Learning by Doing. Fehler passieren im Straßenverkehr auch, diese werden mit in Kauf genommen. Ähnlich ist es, wenn Gruppen oder Teams zusammenarbeiten. Doch ich muss meinen Mitarbeitenden erst die **Befähigung** an die Hand geben, wie sie in dieser Überregionalität der heutigen Welt miteinander arbeiten und miteinander kommunizieren können, wie sie sich gegenseitig abstimmen können. Anschließend können sich dann zumindest die Teams selbst organisieren. Fehlt die Basis der Befähigung und sagt jemand nur lapidar: „Macht mal", dann wird das Führen des Fahrzeugs (hier: des Projekts) zum Abenteuer und kann sogar in einer Katastrophe enden.

Ohne Saat keine Ernte – das gilt auch für Führungskräfte

In der Führung haben wir es mit dem Wertvollsten zu tun, das es auf der Welt gibt, und das sind Menschen.
Jeden Beruf dieser Welt erlernen wir einige Jahre lang, erwerben einen Gesellen- oder Meisterbrief, ein Diplom, einen Bachelor oder Master oder wenigstens ein Zertifikat. Führungskraft hingegen wird man oft durch Beförderung, meistens ohne jedwede Hintergrundkenntnisse. Wir reden also in einer Vielzahl von Fällen von absoluten Anfängern – gleichzeitig übergeben wir diesen das höchste Maß an Verantwortung. Jede Führungskraft sollte ein **Basis-Toolkit**, einen Werkzeugkoffer mit dem wichtigsten Handwerkszeug, an die Hand bekommen, das ihm oder ihr die Arbeit erleichtert. Zur gezielten Ausbildung von Führungskräften gibt es viele Möglichkeiten: Sei es eine zentrale Ausbildung im Rahmen von Kammern und Verbänden, angelehnt an das Weiterbildungspunktesystem der Ärztekammer, oder aber intern als Inhouse-Maßnahme im eigenen Unternehmen. In Konzernen gibt es heutzutage eigene Akademien, die ihre Führungskräfte berufsbegleitend als Training on the Job qualifizieren. Weiterentwicklung ist nur nach Durchlaufen des Trainings möglich. Und für Positionen mit den größten Verantwortlichkeiten benötigt man dort den Nachweis über die Teilnahme an speziellen Einzelseminaren, um für eine bestimmte Stelle überhaupt erst in Betracht gezogen zu werden.

Ein gewisses Basis-Skillset halte ich für sehr wertvoll und unabdingbar für angehende oder bereits tätige Führungskräfte.

Mit einer reinen Checkliste, zum Beispiel für die gute Mitarbeiterführung, ist es aber leider nicht getan, das Ganze macht schon etwas mehr Mühe.

Bereits im ersten Jahr der Ausbildung als Marineoffizier erhält jeder Offizieranwärter einen fertig entwickelten Methodenbaukasten an die Hand. Das ist eine Art To-do-Liste, die du im Zweifel nur noch abzuhaken brauchst: Wenn du klar kommunizierst, wenn du genau sagst, was du bis wann von wem haben möchtest, und dann auch noch aufpasst, dass alle deine eingeteilten Leute genau das tun, was du von ihnen möchtest, und auf Lageänderungen bereit bist zu reagieren, dann ist alles fein. Dann hast du vorschriftenkonform gehandelt und alle Mitarbeitenden fühlen sich ideal abgeholt. Könnte man meinen. Doch bei all der Theorie, die ich als junger OA[9] an die Hand gegeben bekam – und darunter sind sehr viele wertvolle Tipps, die ich auch heute noch sehr schätze –, kommt es auf die Umsetzung an. Und sämtliche To-dos wiederum bedeuten nichts, wenn sie nicht auch von den jeweiligen Personen mit Leben gefüllt werden – und Leben bedeutet auch: Fehler machen. Ich habe für mich festgestellt, dass die Umsetzung immer auch nach dem Try-and-Error-Prinzip erfolgte: „Probiere dich aus, krieg auf die Nase, und zack, schon weißt du, dass du es beim nächsten Mal so nicht mehr machst."

Bei guter Mitarbeiterführung gehört immer auch ein Quäntchen Fingerspitzengefühl dazu. Jeder deiner Mitarbeitenden ist ein Individuum und möchte auch als solches wahrgenommen werden. Doch am Ende hilft alles nichts, wenn der Lebenslauf des Bewerbers oder des Mitarbeitenden zwar hervorragend zur Stellenbeschreibung passt, die persönlichen Werte dabei jedoch nicht mit denen der Unternehmung harmonieren.

In der Einstellungspraxis bedeutet das, dass Personalentscheider oder die Geschäftsführung nicht danach schauen sollten, ob jemand möglichst geeignet für einen Job ist, sondern danach, wie gut er zur

---

[9] *Offizieranwärter.*

Unternehmenskultur passt. Einer Studie der Cornell University und des Gevity-Instituts [10] zufolge haben jene Unternehmen 22 Prozent mehr Umsatz, 23 Prozent mehr Gewinn und 67 Prozent weniger Mitarbeiterfluktuation, denen es gelingt, ihre Angestellten nicht über finanzielle Anreize zu motivieren, sondern ein „familienähnliches Umfeld" zu schaffen. Machbar ist das nur, wenn Führungskräfte in einem engen Abgleich zwischen dem eigenen Wertesystem und dem der Unternehmung stehen, oder anders gesagt: Je besser dein Lebensziel zu dem passt, wofür das Unternehmen steht, desto erfolgreicher und innerlich zufriedener bist du im ganzen Sein. Daraus ergibt sich für John Strelecky [11], dass für diese Mitarbeitenden die Aufgabe nicht nur eine Chance ist, sondern eine persönliche Notwendigkeit.

Das eigene Lebensziel in den Einklang mit der Arbeit zu bringen, fühlt sich für mich schon lange nicht mehr wie Arbeit, sondern eher wie ein Grundbedürfnis an.

Was sind die Dinge, für die du am Ende des Lebens stehen möchtest? Was sind die Dinge, für die dein Unternehmen am Ende des Tages stehen soll?

Je besser diese beiden Dinge zusammenpassen, desto höher ist die Wahrscheinlichkeit, dass du aus sich selbst heraus motivierte Mitarbeitende hast, die das große Ganze erkennen. Zusätzlich zu allem Genannten braucht es auch noch eine entscheidende Grundzutat, sozusagen das Salz in der Suppe: Die Basis allen Miteinanders ist **Vertrauen**. Um Vertrauen zu erhalten, muss ich in erster Linie selbst Vertrauen schenken. Ich gehe demnach mit einem Grundvertrauen in die jeweilige (Arbeits-)Beziehung hinein.

---

[10] *https://digitalcommons.ilr.cornell.edu/cgi/viewcontent.cgi?article=1408&context=cahrswp, abgerufen am 12.07.2020.*

[11] *„The Big Five for Life" Was wirklich zählt im Leben, dtv, 2009.*

Hier ist beispielgebend das, was meine damalige Führungskraft mit mir machte: Sie gab mir nicht von Sekunde eins an alle Freiheiten dieser Welt. Sondern sie schickte mich am Anfang mit einem Verantwortungsbereich los, gab mir in diesem aber alle Möglichkeiten, die die Zielsetzung und der Rahmen hergaben. Als ich mich in dieser Phase bewährte, kam ein neuer Bereich dazu und danach wieder einer ... Ich empfand das als perfekt.

Führen heißt eben auch Kontrolle.
Und Kontrolle bedeutet einfach nur: Sind wir noch „on track"?

Und wenn es Abweichungen gibt: Sind das sogar wünschenswerte Abweichungen oder bedarf es Anpassungen? Hier geht es um das Thema Abstimmung. Und diese Feinabstimmung hat als Grundlage auch wieder eine offene, vertrauensvolle Kommunikation. Da schließt sich der Kreis.

Nun kann man sich jedoch mitunter nicht immer aussuchen, welchen Mitarbeitenden man gerade zur Seite hat und wie stark oder schwach motiviert er oder sie ist, der betreffenden Tätigkeit nachzukommen. Immer wieder spreche ich davon, dass ich niemanden motivieren kann, der das nicht auch von sich selbst heraus möchte. Ich kann demnach wieder nur bei mir anfangen und sehen, welche Grundhaltung ich anpassen darf. Gerade in Krisenzeiten sind das nicht zu unterschätzende Fähigkeiten. Und auch hier taucht wieder das Vertrauen auf: Als Führungskraft muss ich auch Vertrauen in mich selbst haben. Das ist das sogenannte **Selbstvertrauen**, ein Urbedürfnis, das jeder Mensch mitbringt, und das ein wichtiges Maß ist, das immer gefüllt gehört. Das Vertrauensfass sollte heil und immer aufgefüllt sein, um anderen vertrauensvoll gegenübertreten zu können.

Neben Vertrauen und Selbstvertrauen zählen noch ein paar weitere Parameter dazu: zum Beispiel **klare Kommunikation, Loyalität und Erwartungshaltungen**. Die Art und Weise, wie ich kommuniziere, ist ein wesentlicher Beitrag zum Gelingen der (Arbeits-)Beziehung. Klare Kommunikation über die derzeitigen Rahmenbedingungen und beispielsweise auch darüber, wie es mir selbst als Führungskraft in der Situation geht. Businesstaugliche Formulierungen ermöglichen es dir jederzeit, auch über Gefühle und Emotionen am Arbeitsplatz zu sprechen:

Ich bin irritiert, dass ...

Mich überrascht, wie ...

Ich finde es unangenehm, wenn ...

Mich verärgert es, wenn ...

Ehrlich gesagt, das enttäuscht mich, ...

Ich wundere mich darüber ...

Dass und wie darüber gesprochen wird, ist für mich immer schon ein Indiz, wie gut die allgemeine Stimmung am Arbeitsplatz ist.

Wie stehe ich zu meinen Mitarbeitenden? Zeige ich ihnen das auch? Was bedeutet Loyalität am Arbeitsplatz? Was bedeutet Loyalität für dich? Für mich bedeutet es: sich seinen Mitarbeitenden gegenüber loyal zu verhalten und nach außen zu zeigen, dass ich in erster Linie zu ihnen stehe, was auch immer gerade passiert. Ein drastisches Beispiel dafür, wie es nicht gehen sollte, zeige ich dir im Kapitel „Navy Rules". Ich habe es selbst erlebt.

Auch das klare Kommunizieren über die Erwartungshaltungen trägt wesentlich zum Erfolg bei. Was erwartest du von deinen Mitarbeitenden? Bist du selbst in der Lage, diesen Ansprüchen gerecht zu werden? Für eine gute Führungskraft ist es wichtig, nur das von ihren Mitarbeitenden zu erwarten, was sie selbst bereit ist zu geben. Die Unterscheidung zwischen wollen und können ist an dieser Stelle entscheidend. Können tue ich als Führungskraft womöglich ganz viel. Die Frage ist, möchte ich das Ganze auch hineingeben?

Gleiches Maß für alle sozusagen – für die anderen wie auch für mich. Und im weiteren Schritt diese Punkte auch zu kontrollieren. So kann ich meinen Mitarbeitenden direkt und unmittelbar zeigen, dass ich sehe, was sie tun – im Positiven wie Negativen. „Lobe, wenn du Gutes siehst, ahnde, wenn du Negatives wahrnimmst." Hierbei ist es gleich, ob ihr euch beispielsweise in einer Krisensituation bewegt, wie wir sie derzeit mit Covid-19 erleben, oder ob es ums Tagesgeschäft geht. Finger weg von einer Ausnahmezustandsregelung, die eine Art General-Freifahrtsschein offeriert. Bleibe verlässlich, bleibe konstant und gib somit Sicherheit. Habt ihr dann als Team Großes geleistet, schwere Hürden überwunden oder eine Pik-Phase hinter euch, teile großartige Dinge mit deinen Mitarbeitenden.

Unterschätze niemals, welchen Einfluss und welche Wirkung gemeinsam gelebte Freude auf andere hat, wenn gemeinsam Großartiges geleistet wird.

Let’s talk about mistakes

Fehler in der Arbeit der Mitarbeitenden zu entdecken ist für viele immer noch sehr viel einfacher, als Gutes zu sehen und zu würdigen. Ich denke, das liegt unter anderem auch an unserer gesellschaftlichen Prägung als Deutsche. Allgemein ist die Grundansicht eher ein halb leeres denn ein halb volles Glas. Womöglich hast du dich selbst schon das ein oder andere Mal dabei ertappt, dass du auf die Frage, ob dir das Essen geschmeckt hat, geantwortet hast, dass es gar nicht schlecht war. Im Grunde meintest du es positiv und wolltest damit sagen, dass es dir gut geschmeckt hat. Warum sagen wir es nicht einfach so?

Unser Gehirn kann die Worte „nicht“ und „kein“ nicht verarbeiten. Unbewusst hören wir immer nur die Dinge, die nach dem „nicht“ bzw. „kein“ kommen. Wir Deutschen haben gelernt (ich hoffe es zumindest sehr), wie wir solche Formulierungen umwandeln – dann wird aus einem „nicht schlecht“ im Verständnis ein „gut“. Doch was macht jemand mit unserer Aussage von zum Beispiel „Das ist kein Problem“, der diesen inneren Umwandler nicht hat?

Gerade in der Zusammenarbeit mit anderen Nationen und Kulturen bekommt dieser Sachverhalt eine wichtige Bedeutung. Denn für diese Menschen ist diese kulturelle Übersetzung, die uns Deutschen untereinander leichter gelingt, schier unmöglich. In nahezu jedem Unternehmen, mit dem ich in der Vergangenheit zusammengearbeitet habe, gibt es inzwischen buntgemischte Teams vieler Nationen. Hier wird eineindeutige Kommunikation immer wichtiger.

Zurück zu Fehlern. Wie kannst du nun herausfinden, ob die angestellte Person eine Arbeit gut macht? Zunächst einmal gehe ich davon aus, dass sich jede Führungskraft vorab Gedanken gemacht hat, welches die Grundvoraussetzungen sind, die für eine gewisse Tätigkeit oder Position erfüllt sein müssen. Das ist die Basis. Wenn die erfüllt ist, kann ich davon ausgehen, dass der oder die Mitarbeitende den Job erfüllt. Wenn es dann noch schöne Aha-Momente gibt, bei denen die Mitarbeitenden über diese Basis hinaus aktiv geworden sind, dann haben wir es doch mit großer Wahrscheinlichkeit mit einem guten Mitarbeitenden zu tun, oder? Vieles wird zu häufig zu kompliziert gesehen. Manchmal liegt die Beurteilung in der Einfachheit der Sache.

Nicht alles, was wir als Führungskraft tun, ist gottgegeben oder intuitiv sofort richtig. Vieles hat im Hintergrund eine Lernkurve vollzogen mit Best Practices oder auch Fehlern, die wir zukünftig nicht mehr machen wollen. Auch als Führungskräfte können wir nicht fehlerfrei sein. Wer diesen Anspruch an sich hegt, rennt einem Irrglauben hinterher, der mittelfristig durch eine dauerhafte mentale Überforderung krank machen kann.

Gerade die Situationen, in denen ich gestolpert und auf die Nase gefallen bin, waren für mich rückblickend die lehrreichsten.

Wer zu hoch fliegt, wird schnell geerdet

Mein erstes großes Learning hatte ich ganz zu Anfang bei der Bundeswehr im Gruppenführerpraktikum [12]. An der Marineschule [13] wurden wir damals mit dem Gedankengut ausgebildet, dass Offiziere etwas sehr Besonderes seien. Man hätte meinen können, wir könnten fliegen. Offiziere seien der Weisheit letzter Schluss. Offiziere seien Götter in Blau. Mit diesem Denken bin ich ins Gruppenführerpraktikum gegangen und bin dort sehr, sehr schnell geerdet worden. In meinem Zug [14] erlebte ich, dass das Verhalten, das auf dieser Einstellung gründet (Götter in blau) so nicht funktioniert. Jene innere Einstellung überträgt sich nämlich automatisch und unvermeidbar auf die Sprache und auf unser Handeln. Ich erlebte binnen kürzester Zeit, wie schnell sich eine Vielzahl anderer Menschen zusammenrotten und sich gegen dich stellen können. Innerhalb weniger Tage hatte ich es geschafft, dass die Masse des Zuges gegen mich war. Es ging alles rasend schnell, und mein Learning daraus war immens.

Damals war ich gerade 20 Jahre alt, jung und wild. Am Anfang konnte oder wollte ich noch nicht richtig realisieren, was hier gerade um mich herum geschah. Zu der Zeit war es häufiger bei mir so, dass mir Gegenwind, nennen wir es durchaus auch schon einen Sturm, wehtat. Es kratzte an meinem Ego und am Stolz. Zu jung, um schon vollumfänglich zu begreifen, welchen Einfluss mein eigenes Verhalten in der Situation hatte, setzte durch den aufkommenden Sturm bei mir eine gewisse Form der Bockigkeit ein: „Dann mache ich das halt erst recht so." Wie du dir sicherlich vorstellen kannst, gäbe es bessere Verhaltensweisen. Mein Zug ließ mich ein zweites Mal vor die Wand laufen.

---

[12] *Erste praktische Station im Rahmen der Ausbildung zum Offizier nach Erlangung des Offizierspatents.*

[13] *Marineschule Mürwik, Offizierschule der Marine.*

[14] *Ausbildungseinheit innerhalb der Grundausbildung mit ca. 25 Rekruten.*

Meine Anweisungen wurden gerade eben so ausgeführt, dass ich den Soldaten keine Arbeitsverweigerung vorwerfen konnte, nach dem Motto „Ein gutes Pferd springt nicht höher als es muss". Außerdem herrschte permanente innere Unruhe im Zug.

Ich verstand, dass mein Vorgehen so nicht funktionieren konnte. Also fing ich an, Dinge anzupassen. Ich begann damit, meinen Soldaten gegenüber zugänglicher zu werden. Interessanterweise entstanden schon allein dadurch viele positive Aha-Momente. Während meine Soldaten vorher keinerlei Hilfsbereitschaft in Bezug auf mich zeigten, kamen nun häufiger Bemerkungen und Angebote wie: „Ja, ich bringe Ihnen dieses oder jenes jetzt noch fix mit." Hoppala, wo kam das denn jetzt her?, fragte ich mich oft bei den ersten Malen. Dieses fast schon komplett gegensätzliche Verhalten, dieser Wechsel von Schwarz auf Weiß erdete mich ziemlich schnell. Ich spürte, dass ich instinktiv auf dem richtigen Weg war.

Man könnte diese Zeit so zusammenfassen: Wenn du noch nicht die gewünschte Antwort auf eine Frage erhalten hast, dann verändere die Frage und nicht die Antwort. Oder einfacher formuliert:

Setze dir ein Ziel, probiere deinen Weg aus. Wenn du feststellst, dass du mit dem gewählten Weg das Ziel noch nicht erreichen kannst, dann nimm einen anderen Weg.

Aller Anfang braucht Zeit und Hinwendung: Erfolgreiches Onboarding

Ja, so bin ich vor 15 Jahren in die abenteuerliche Welt der Führung gestartet. Es war eine echte „Reise“ und ich bin mir sicher, auch du kannst ein Lied von deiner eigenen Reise singen, stimmt's?

Wie sich eine (Arbeits-)Beziehung gestaltet, entscheidet sich oft schon am Start, in den ersten Tagen und Wochen. Ich möchte dir daher gerne im Folgenden ein paar Takte darüber erzählen, wie ich vorgehe, wenn ich einen neuen Mitarbeitenden in meine Abteilung hinzubekomme bzw. wie ich bei uns den Onboarding-Prozess gestalte.

Am Anfang skizziere ich, wie ich mir unsere Zusammenarbeit bzw. die Aufgabe in der Zukunft vorstelle. Das ist sozusagen mein Zielbild. Dann gehe ich an das Thema Befähigung (Stichwort Führerschein). Ich lasse ihm bzw. ihr eine intensive Ausbildung am Arbeitsplatz zukommen. Diese ist am Anfang sehr kleinteilig und detailliert. Das ist wichtig, da wir auch viele Mitarbeitende aus anderen Berufsfeldern bei uns einstellen. Ich zeige jeden Arbeitsschritt einmal sehr genau, zeige, wie es machbar ist und welcher Weg auf jeden Fall funktioniert. Ich gebe auch an die Hand, wie ich mir das Ergebnis vorstelle, in unserem Falle (Tourismus) heißt das, wie die Kommunikation mit dem Gast auszusehen hat. Ich gebe oft auch Templates vor, um gleiche Dinge und Abläufe nicht jedes Mal neu entwickeln zu müssen. Das erleichtert die Arbeit.

Wenn ich die Arbeitsschritte gezeigt habe, möchte ich, dass der Mitarbeitende diese umsetzt. Nach und nach ziehe ich mich dabei immer mehr heraus, nehme mich Stück für Stück zurück. Ich könnte auch sagen: Ich gebe dem Mitarbeitenden immer mehr lange Leine.

Im Auge habe ich dabei immer das Thema Kurs und Kontrolle. Bei der Bundeswehr nennt man das Lagebeurteilung: Sind wir noch auf der Spur? Hat sich etwas verändert? Muss etwas angepasst werden?

Wenn wir noch auf Spur sind, lockere ich die Zügel etwas mehr. Im Idealfall kommt eines Tages der Punkt, an dem das Alltagsgeschehen auch ohne mich läuft, ohne dass ich eingreifen muss. Wenn es Fragen gibt, meldet sich mein Mitarbeitender. Ansonsten sehe ich nur zwischendrin noch mal stichprobenmäßig nach: Passt alles?

Im fortgeschrittenen Entwicklungsstadium gibt es dann zwei Varianten des weiteren Vorgehens: Entweder ich gebe das Ziel vor und sage: „Mach dir mal Gedanken, wie du es machen würdest." Oder ich gebe eine grobe Orientierung, wie es aussehen könnte. Das mache ich davon abhängig, wen ich als Person vor mir habe. Es gibt hier nicht den einen, richtigen Pfad.

Natürlich gibt es auch immer wieder Herausforderungen. Meine größte Herausforderung ist es, meinem Anspruch bzw. meinem Streben nach Perfektion gerecht zu werden, das wie ein hartnäckiger Löwenzahn immer mal wieder hier und da hervorschießt. Mittlerweile weiß ich allerdings sehr genau, dass das meine eigenen Themen und nicht die der Mitarbeitenden sind. Ich weiß, welchen Anspruch ich an mich bzw. bei meiner Arbeit an den Tag lege. Und ich durfte in den letzten 15 Jahren lernen und lerne es immer noch: Nicht alle Menschen sind so wie ich. Eigentlich ist kein anderer Mensch so wie ich.

Im Ergebnis ist es meine Aufgabe als Führungskraft, mit den Dingen umzugehen, die da kommen, und mich im Umkehrschluss auch regelmäßig überraschen zu lassen, welche tollen Ansätze von meinen Mitarbeitenden kommen.

Selbstführung ist einer der wertvollsten Spiegel, die wir uns vorhalten können, um uns immer wieder auf uns selbst zurückzubesinnen.

Trennung tut weh, ist aber manchmal unvermeidlich

Auch ich stoße bei aller Erfahrung, die ich habe, gelegentlich auf Führungssackgassen. Auch das ist im Führungsgeschehen etwas Normales und sollte offen ausgesprochen werden. Wichtiger als die Frage, ob solche Situationen entstehen, ist die Frage, wie du mit diesen Schwierigkeiten umgehst und sie löst.

Ich hatte beispielsweise einen Mitarbeiter, bei dem sich diverse Missstände auftaten. Am Anfang seiner Einarbeitung sollte mich dieser Mitarbeitende in der Kunden- bzw. Gästekommunikation noch in Blindkopie an E-Mails beteiligen, damit ich in den Arbeitsprozessen sehen konnte, wie alles lief. Nach einiger Zeit klappte das reibungslos und ich teilte mit, dass ich in weiteren Mails nicht mehr beteiligt werden müsse. Doch dann bemerkte ich unter anderem durch Antworten und E-Mails von Gästen, dass Fehler passiert waren. Wir analysierten gemeinsam, wie wir diese Fehler abstellen konnten. Passierten sie wieder, gab es eine Ermahnung und die Frage: Woran liegt's? Gerade, wenn Fehler immer wieder passieren, steckt ja meistens noch etwas anderes dahinter. Hier ist mir Ursachenforschung wichtig, um langfristig identische Fehler vermeiden zu können.

Auf der Basis der Gästeantworten sahen wir nach, ob und auf welcher Basis wir Dinge verändern konnten. Ich führte Checklisten ein, um die Buchungsabwicklung so einfach wie möglich zu gestalten, die für die einzelnen Arbeitsprozesse einfach nur noch abgehakt werden mussten. Jedes aufkommende Problem versuchten wir, mit einer Gegenmaßnahme zu beheben. Doch im Endeffekt fruchtete nichts von alledem.

Manchmal im Leben ist es so, dass alle Maßnahmen, die wir ergreifen, nicht zum Erfolg führen. In letzter Instanz war es nötig, dass wir uns von dem Mitarbeiter trennten. Das war schade, auch menschlich, doch es half in dem Fall nichts. Letztlich ist es so: Die Dinge und die Aufgaben, die erfüllt werden sollen, dienen nicht meiner persönlichen Befriedigung, sondern wir arbeiten alle gemeinsam dafür, dass es der Firma gut geht und dass der Erfolg der Unternehmung in der Zukunft gesichert ist. Wenn es uns als Unternehmen und den Mitarbeitenden gut geht, dann geht es unseren Gästen automatisch auch gut. Wenn sich zu viele Fehler einschleichen, bin ich als Führungskraft unzufrieden, der Mitarbeitende ist unzufrieden und auch unsere Gäste sind es. Wenn wir keine zufriedenen Gäste haben, gibt es letztlich auch keinen mehr, der dafür sorgt, dass die Gehälter bezahlt werden können.

Trennung ist manchmal eine Lösung, eine sinnvolle Lösung. Wichtig ist, den Blick fürs große Ganze zu wahren und sich darüber im Klaren zu sein, dass jede Tat auch eine Außenwirkung auf das Umfeld hat.

Klassischer Rollenkonflikt: Die Führungskraft als Coach

An dieser Stelle möchte ich auf einen Punkt eingehen, der mich selbst immer wieder umtreibt. Er betrifft den Aspekt, dass wir als Führungskraft gleichzeitig Coach für unsere Mitarbeitenden sein sollten. Offen gesagt bringt mich das in ein inneres Zerwürfnis. Die Zielsetzung beider Rollen ist konträr und in meinen Augen nicht miteinander vereinbar. Eine Führungskraft hat als oberste Zielsetzung, den **Erfolg der Unternehmung** in der Zukunft zu sichern. Dieser Aufgabe gliedern sich alle anderen Zielsetzungen unter. Das bedeutet, dass ich als Führungskraft manchmal dazu gezwungen bin, unpopuläre Entscheidungen zu treffen oder Dinge zu tun, die fünf Leute ganz toll finden und zwei Leute doof. Das ist so, das kann ich nicht vermeiden. Als Führungskraft bin ich durchaus auch mal diejenige, die sagt: „Ich verstehe eure Anliegen, und dennoch entscheide ich jetzt, dass wir diesen Weg gehen." Führungskraft zu sein bedeutet, Verantwortung für das große Ganze zu tragen. Diese Verantwortung ist nicht teilbar.

Aufgaben sind teilbar, Verantwortung hingegen nie.

Als Coach bin ich ein **Sparringspartner**. Ich bin diejenige, die Fragen stellt, aber durchaus auch beratend zur Seite steht. Als Coach darf ich genau die Fragen aufgreifen, die sich kein Mitarbeitender zu stellen traut. Und doch gibt es einen gravierenden Unterschied zur Rolle als Führungskraft: Als Coach habe ich nicht die Verantwortung.

Die Verantwortung bleibt von der ersten bis zur letzten Sekunde der Zusammenarbeit in den Händen des Coachee.

Merkst du, worin die Krux liegt? Ich habe eine Rolle, die die Verantwortung in letzter Instanz immer trägt, und eine weitere Rolle, die sie gar nicht tragen darf. Das ist ein klassischer Rollenkonflikt. Dieser Rollenkonflikt kann dich in mehrere Schwierigkeiten bringen. Im einfachsten Fall sorgt das innere Zerwürfnis dafür, dass du selbst nicht richtig weißt, wie du in den einzelnen Situationen reagieren sollst. Das wiederum lässt deine Glaubwürdigkeit und daraus resultierend deine Authentizität schwinden. Dies beeinträchtigt deine Beziehungen zu anderen Menschen. Der aber noch viel schwerwiegendere Part ist in meinen Augen die Beziehung zu dir selbst. Der Konflikt kann dich an deine mentalen Grenzen und darüber hinaus führen. Je nach Ausprägungsgrad kann das krank machen und in einem Burn-out oder in einer Depression gipfeln.

Für mich gibt es nur einen einzigen Grund, warum du als Führungskraft von einer Coachingausbildung profitieren kannst: Dadurch, dass du dich im Rahmen der Ausbildung selbst besser kennenlernst, gelingt es dir leichter, die richtigen Fragen zu stellen und deinen Mitarbeitenden achtsamer zuzuhören. Darüber hinaus, finde ich, sollte jeder für sich selbst entscheiden, ob er Führungskraft und auch Coach sein möchte.

Selbstbewusstsein heißt sich seiner selbst bewusst sein

Je älter du bist oder je länger du in Führungsverantwortung stehst, desto leichter geht dir Alltägliches von der Hand. Doch das, was für den einen Alltagsgeschäft und Routine geworden ist, kann gerade für junge Nachwuchsführungskräfte, gleich ob männlich, weiblich oder divers, eine Herausforderung darstellen. Eine Grundvoraussetzung, um im Alltag als Führungskraft lange Zeit bestehen zu können, ist der unbändige Wille, sich stetig weiterentwickeln zu wollen. Jede Führungskraft wird immer wieder vor Herausforderungen gestellt, mit denen sie nicht rechnet. Nur wenn ich einerseits bereit bin, das als Aufgabe zu sehen und daran wachsen zu wollen, und gleichzeitig in der Lage bin, das persönliche Ego beziehungsweise die eigenen Befindlichkeiten ein wenig nach hinten zu schieben, erst dann kann ich in der Lage sein, Situationen so neutral wie möglich zu betrachten. Das ist der eine Punkt.

Weiterhin benötigt eine gute Führungskraft ein gesundes Selbstbewusstsein. Entgegen der landläufigen Meinung sind selbstbewusste Menschen nicht diejenigen, die am lautesten schreien.

Selbstbewusste Menschen sind für mich die, die ihr ganzes Fundament auf drei Säulen aufbauen: gesunde Selbstliebe, gesundes Selbstvertrauen und gesunden Selbstwert.

Die erste Säule ist die **Selbstliebe**. Erst wenn ich mich selbst so liebe, wie ich bin, mit allen Stärken und Schwächen, allen Marotten und Eigenheiten, erst wenn ich diese Liebe für mich selbst verspüre, kann ich sie anderen uneingeschränkt zur Verfügung stellen. „Liebe" für andere zu empfinden ist hierbei nicht gleichgesetzt mit einer partnerschaftlichen Liebe. Es geht vielmehr um meine innere positive Grundeinstellung bezogen auf mein Gegenüber. Diese unvoreingenommene und vorurteilsfreie Haltung anderen gegenüber lässt dich Situationen sehr viel objektiver betrachten.

Die zweite Säule ist das **Selbstvertrauen**, über das wir schon sprachen. Hierbei geht es um das Vertrauen in meine Fähigkeiten und Fertigkeiten, wie beispielsweise die Stressresistenz oder -resilienz. Aus einem vollen Fass Selbstvertrauen resultiert automatisch das Wissen, dass ich diese Krise meistern werde, komme, was wolle.

Die dritte Säule ist der häufig unterschätzte **Selbstwert**. Erst wenn ich mich selbst wertschätze, mit all meinen Stärken und Schwächen – und jeder Mensch bringt Schwächen mit –, erst wenn ich mich mit beiden Faktoren wohlfühle, dann habe ich eine gesunde Basis für mein Selbstbewusstsein. Stell dir kurz einen zerknitterten, verblichenen und dazu noch eingerissenen 50-Euro-Schein vor. Dieser 50-Euro-Schein ist trotz seiner Optik immer noch 50 Euro wert. Nichts an der Oberfläche mindert seinen Wert. Wenn du selbst beispielsweise durch verschiedene Krisen oder Herausforderungen im Leben gebeutelt bist, warum zweifelst du dann automatisch an deinem eigenen Wert? Warum glaubst du, dass du plötzlich weniger wert sein könntest als zu Zeiten deiner vollen Leistungskraft? Die Zweifel der anderen an deinem Wert entstehen meist erst, wenn du selbst vorab zweifelst.

Jede der drei Säulen hat ihre Wichtigkeit. Keine hat mehr oder weniger Einfluss, alle sind gleich bedeutsam. Es liegt an dir, dafür zu sorgen, dass du hier ein gutes Niveau aller drei konstant hältst. Für dieses Niveau ist niemand anderes außer dir selbst zuständig und verantwortlich.

Sind die drei Säulen gefüllt, stehst du zu dir und nimmst die daraus resultierende innere Ruhe wahr, dann bist du durch vieles nicht mehr so leicht zu erschüttern. Und wir werden erschüttert als Führungskraft – mehr als uns lieb ist. Darum ist es wichtig, dass du meinungsstark beziehungsweise meinungsfest sein kannst. Du solltest Standfestigkeit beweisen können, wenn es zu Gegenwind kommt und deine Entscheidungen infrage gestellt werden. Gleichzeitig bedeutet Meinungsfestigkeit auch, dass du es dir erlauben kannst, von deiner Meinung abzuweichen, wenn du gute Argumente hast oder geliefert bekommst, warum Dinge auch anders zu betrachten sind.

Meinungsfestigkeit und Sturheit sind übrigens zwei völlig verschiedene Paar Schuhe.

Keine Frage des Geschlechts

Die genannten Punkte sind allesamt Fähigkeiten, die jedem Geschlecht gut zu Gesicht stehen und uns helfen, den Führungsalltag zu bewältigen. Frauen fehlt es oft an Selbstbewusstsein. Das ist der Grund, warum viele Dinge nicht so gut funktionieren. Doch an allem lässt sich arbeiten, das kann ich dir aus Erfahrung sagen.

Im Führungsverhalten von Männern und Frauen gibt es dennoch Unterschiede. Bisher werden Frauen in Führungspositionen gerne in zwei Lagern wahrgenommen. Zum einen gibt es diejenigen, die eine große Karriere in Unternehmen anstreben und auch absolvieren, unabhängig von der Unternehmensgröße. Diese Frauen wirken oft äußerst streng und harsch. Das Bild scheint gerne durch Hosenanzüge, strenge Frisuren und wenig bis kein Make-up unterstrichen zu werden. In vielen Köpfen herrscht interessanterweise die Annahme, dass frau nur auf diese Weise erfolgreich sein und ernst genommen werden kann. Dann gibt es noch die Frauen in Führungspositionen, die als solche vermeintlich nicht wahrgenommen werden, nur für die „Quote" herhalten und letztlich doch von Männern gesteuert werden. Ob diese beiden Bilder sinnhaft sind und der Realität entsprechen, stelle ich hier mal in den Raum. Meiner Erfahrung nach sind meistens gerade die Frauen sehr erfolgreich, die es sich erlauben, auch ihre weibliche Seite zu zeigen. Frauen können sehr männlich führen oder auch sehr weiblich. Männlich führen meint hier vorrangig Eigenschaften, die mit Männern assoziiert werden: Stärke, Härte, Durchsetzungsstärke, Vehemenz, Geradlinigkeit. Häufig jedoch bringen Frauen noch eine ganz andere Komponente mit ein. Frauen fällt es leichter, Einfühlungsvermögen zu zeigen. Weiblich assoziierte Eigenschaften sind Dinge wie Weichheit, Mitgefühl, Gerechtigkeitssinn oder auch Empathie.

Für mich geht es immer um **Balance**. Eine Balance herzustellen zwischen „Ich höre zu, ich höre hin" und „Ich bin durchsetzungsstark und kann für das einstehen, woran gemeinsam gearbeitet wird". Stärke gepaart mit Empathie. Das ist meines Erachtens nach etwas, wo Männer und Frauen noch viel voneinander lernen dürfen, um erfolgreich zu sein.

Vom Fordern und Fördern

Der Mensch ist von Natur aus danach bestrebt, sich entwickeln zu wollen. Dies geschieht von Kindesbeinen an. Wir lernen laufen, wir lernen schreiben, wir lernen essen und wir lernen, wie wir mit Messer und Gabel umzugehen haben. Wir lernen den Umgang miteinander ... Weiterentwicklung ist ein essenzieller Bestandteil unseres Seins. Das bedeutet, dass ich dieses Streben auch am Arbeitsplatz habe. (Ausnahmen bestätigen die Regel.) Führe ich Tätigkeiten in einer gewissen Routine aus, dann beherrsche ich sie zwar, entwickele mich jedoch nicht mehr weiter. Es ist an uns als Führungskraft, den Rahmen zu schaffen, dass der Mitarbeitende immer weiter gefordert werden kann. Zuckerbrot und Peitsche – anders gesagt: Belohnung und Bestrafung – halte ich allerdings für sehr schwarz-weiß gedacht und nicht zielführend.

Ich persönlich möchte meinen Mitarbeitenden vielmehr Folgendes vermitteln: Eine Unternehmung ist kein Selbstzweck. Ich erwarte von jedem Einzelnen, dass er seinen Aufgaben nachkommt. Und Aufgaben verändern sich, genauso wie sich die Welt auch weiterdreht. Wir wachsen als Individuum also an unseren Aufgaben und werden hierbei auf natürliche Weise gefordert.

Das Fördern ist dabei mindestens genauso wichtig. Denn fördern bedeutet auch, dass ich meine Mitarbeitenden weiterentwickle. Nur geht es hierbei weniger um die Erfüllung der Bedürfnisse der Führungskraft als um die Wünsche meines Angestellten: Wohin möchten sich eigentlich meine Mitarbeitenden weiterentwickeln? Nicht jeder Mitarbeitende hat beispielsweise den Wunsch, eine Führungskraft zu werden. Doch nur weil ein Entwicklungswunsch hin zum Generalisten [15] fehlt, bedeutet das nicht, dass dem Mitarbeitenden der Entwicklungswunsch per

---

[15] *Führungskräfte sind mehr Generalisten als Spezialisten.*

se abgeht. Er oder sie kann sich weiterentwickeln wollen, indem neue Aufgaben oder andere Themengebiete dazukommen, oder er/sie womöglich in eine ganz andere Abteilung möchte. Zuhören hilft an dieser Stelle. Denn oft haben Mitarbeitende den Wunsch, etwas Neues ausprobieren zu wollen, aber keiner hört hin. Das Fördern der Mitarbeitenden ist ein integraler Bestandteil, um die sogenannte intrinsische[16] Motivation in unseren Mitarbeitenden hochzuhalten. Ein motivierter Angestellter ist immer mehr bestrebt, die berühmte Extrameile zu gehen, um für den Kunden das bestmögliche Ergebnis zu erreichen.

---

[16] *Motivation von dir selbst aus: Die Handlung, die aus dieser Motivation entsteht, dient der persönlichen Befriedigung, Spaß und Interesse an einer Sache zu haben.*

Die Erschaffung einer transparenten Fehlerkultur

Vielleicht kennst du den Spruch: „Wo gehobelt wird, da fallen Späne." Wo gearbeitet wird, da ist es völlig normal, dass Fehler passieren. Wichtiger als die Frage, ob Fehler passieren, ist vielmehr der Ansatz nach dem Umgang mit Fehlern und wie diese zukünftig minimiert beziehungsweise ganz verhindert werden können. Eine fest installierte **Fehlerkultur** in einer Unternehmung ist dabei von immenser Bedeutung. Hierbei helfen klar festgelegte Prozesse, wie mit Fehlern umzugehen ist. Eine Möglichkeit wäre beispielsweise die Installation eines **Fehlerprotokolls**. Sobald ein Fehler passiert ist, werden verschiedene Fragestellungen zur Ursachenforschung durchgegangen: Wer hat den Fehler gemacht? Worin genau bestand der Fehler? Wodurch ist er entstanden? Anschließend erfolgt die Beurteilung dieser Rahmenfaktoren, um Lösungsoptionen zu entwickeln.

Erst eine saubere Protokollierung zum Fehlerhintergrund ermöglicht eine langfristige Fehlerkorrektur.

Für mich ist es selbstverständlich, dass alle Mitarbeitenden der Unternehmung Zugang zu diesen Fehlerprotokollen haben. Der offene Umgang mit Fehlern, das Fördern einer transparenten Fehlerkultur, ermöglicht es am Ende allen, aus den Fehlern anderer zu lernen. Ich lasse automatisch den Brainpool [17] aller wachsen. Ein Fehler, der passiert ist, kann so in Zukunft leichter verhindert werden. Stückchenweise werden mögliche Kinderkrankheiten ausgemerzt und Vorgänge und Prozesse weiter optimiert. Letztlich gilt dabei, dass ein Fehler passieren kann und Fehler menschlich sind. Spätestens jedoch, wenn der gleiche Fehler unter den gleichen Voraussetzungen ein zweites Mal passiert,

---

[17] *Gebündeltes Wissen aller Mitarbeitenden.*

dann sollte hier schon sehr deutlich nachgeguckt werden: Was war tatsächlich los? Wenn das Ganze dann noch ein drittes Mal passiert, dann gehen wir hier schon in den Bereich der Dummheit oder des Vorsatzes. Wir sprachen schon darüber, dass Trennung dann eine sinnvolle Lösung ist.

Gleichzeitig dürfen wir zwischen **Sachfehlern und emotionalen Fehlern** unterscheiden. Zum einen hilft dir auch hier die KDW-Formel (siehe Kapitel „Toolkit“) zur Sachverhaltsklärung. Entstehen Sachfehler auf Basis fehlender Sachkenntnis beispielsweise, lässt sich das durch (Nach-)Schulungen und Wissensaufbau korrigieren. Wenn wir über emotionale Fehler reden, dann ist „reden“ genau das Stichwort. Dabei gilt es herauszufinden: Wo kommt das her? Sind es Dinge, die ich im Alleingang als Führungskraft lösen kann bzw. der Mitarbeitende selbst? Manchmal zeigt sich, dass emotionale Fehler durch Einflüsse passieren, die durch eine Führungskraft allein nicht mehr lösbar sind. Spätestens hier ist dann der Punkt erreicht, an dem sich Unterstützung und Hilfe von außen geholt werden darf. Das kann ein Coach oder auch ein Mentor sein, im Einzelfall möglicherweise auch ein Therapeut – abhängig vom dahinterstehenden Thema und der Zielsetzung.

Meiner Erfahrung nach liegt ein Schlüssel zur Lösung im **offenen Umgang** mit der Führungskraft.

Ich selbst erlebte während meiner Dienstzeit bei der Marine eine solche Situation. In meinem Ausbildungsbereich hatte ich einen jungen Rekruten [18], der seit zwei Wochen durchweg schlechte Leistungen zeigte und auch im alltäglichen Umgang immer schwieriger zu „handeln“ war. Ich entschied mich zunächst für das gemeinsame Gespräch. Auf meine Frage, wie der Soldat seine eigene Leistung und sein Verhalten in den

---

[18] *Soldat in der Grundausbildung.*

letzten Wochen bewertete, folgte zunächst nur Gegenwehr. Ich erklärte ihm, dass es mir persönlich wichtig war, eine Lösung für ihn zu finden und dass ich alles in meiner Macht Stehende tun würde, um ihm zu helfen. Langsam schienen meine Worte zu ihm durchzudringen, und er schilderte mir, dass sein Vater vor kurzem eine Krebsdiagnose erhalten hatte. Der junge Mann hatte nur noch seinen Vater. Gleichzeitig weigerte sich dieser, in Behandlung zu gehen und gegen den Krebs anzukämpfen. Das war für den Soldaten eine nur sehr schwer auszuhaltende Situation.

Als nun die Ursache seines Verhaltens für mich klar war, suchten wir gemeinsam nach Lösungen. Auf drei Ebenen konnten wir ihm hier helfen: Zum einen suchten wir für ihn eine Selbsthilfegruppe in der Nähe seines Zuhauses, in der er sich mit Gleichgesinnten austauschen konnte. Zum Zweiten vereinbarten wir einen Termin bei der Militärseelsorge, wo sofort professionelle Unterstützung für ihn sichergestellt werden konnte. Der dritte Schritt war der für ihn langfristig wichtigste, weil karrierebedeutendste: Wir vereinbarten einen Termin beim Truppenarzt, der ihn für längere Zeit krankschrieb. Mit dieser Krankschrift hatte der Soldat die Möglichkeit, ohne weitere Karrierenachteile seine Grundausbildung zu einem späteren Zeitpunkt zu wiederholen. Hätten wir diesen Schritt weggelassen, hätte ich den Soldaten wegen schlechter Leistungen vom Lehrgang ablösen müssen [19]. Da er sich als Zeitsoldat verpflichtete, wäre im schlimmsten Fall seine berufliche Zukunft innerhalb der Bundeswehr und somit auch seine finanzielle Absicherung gescheitert. Alle einzelnen Schritte liefen in enger Abstimmung und unter Zustimmung des Soldaten und gaben ihm so die Zeit, die er brauchte, um sich um sein Privatleben und die Familie kümmern zu können.

---

[19] *Formaler Vorgang innerhalb der Streitkräfte, der mitunter eine Wiederholung des Lehrgangs ausschließt und dadurch zum vorzeitigen Dienstzeitende führen kann.*

Ein Mitarbeitender, der privat massiv belastet ist, wird nie so leistungsfähig sein, wie wir uns das als Führungskräfte wünschen und auch brauchen. An einem solchen Punkt bleiben mir immer zwei Möglichkeiten: Ich kann das ganze Hintergrundgeschehen ignorieren, auf die Pflichterfüllung pochen und im Zweifel arbeitsrechtliche Schritte einleiten. Dass diese Wahl Auswirkungen auf die eigene Belegschaft und weitere Stakeholder (Bewerber, Kunden, Lieferanten, Geldgeber ...) hat, dessen darf und muss ich mir bewusst sein. Auf der anderen Seite kann ich als Führungskraft auch meiner Fürsorgeverantwortung nachkommen und nach einer gemeinsamen Lösung suchen. Diese ist möglicherweise kurzfristig für das Unternehmen mit Einschränkungen verbunden, langfristig jedoch mit vielen Vorteilen unterfüttert, wie zum Beispiel einer hohen emotionalen Mitarbeiterbindung, steigendem Vertrauen und daraus resultierend auch mit einem gesteigerten Umsatz.

Du siehst: Auch **Menschenkenntnis** ist eine der sinnvollsten und wichtigsten Kompetenzen als Führungskraft. Sollte es dir noch schwerfallen, andere gut einzuschätzen, dann kann ich dies durch Gespräche kompensieren. Sprich: Je mehr verschiedene Meinungsbilder ich mir hole – und gerade stark zahlen-, daten-, faktenorientierte Menschen tun sich durchaus auch mal schwerer darin, ihr Gegenüber ordentlich einzuschätzen –, desto leichter kann ich mich hierin schulen.

Es hilft dann, die eingeholten Stimmungsbilder und Meinungsbilder mit den Arbeitsergebnissen der betreffenden Person abzugleichen, um mir ein Gesamtbild zu verschaffen. Vorteilhaft an dieser Stelle ist immer auch die Einbeziehung verschiedener Meinungen aus verschiedenen Mitarbeitergruppen, zum Beispiel Alt und Jung. Auf diese besondere Synergie komme ich gleich noch zu sprechen.

Wenn das Vertrauen bricht

Stellen wir uns jetzt einmal vor, du bist sehr gut in allem, was ich bis hierher angesprochen habe. Du hast an dir selbst gefeilt, dich weiterentwickelt, du beherrschst deine Selbstführung aus dem Effeff. Doch was passiert, wenn das Vertrauen zwischen dir und deinen Mitarbeitenden eines Tages einen Knacks bekommt oder es sogar einen massiven Vertrauensbruch gegeben hat? Wie gehe ich als Führungskraft mit der Situation um, wenn meine fachlich sehr guten und spezialisierten Angestellten, auf die ich angewiesen bin, mein Vertrauen missbrauchen oder das Wissen um ihre Wichtigkeit für das Unternehmen ausnutzen?

Dies ist eine große Herausforderung, vor der sehr viele Führungskräfte stehen. Womöglich ist es sogar eine der Herausforderungen, die häufiger passiert, als es uns lieb ist. Die Ursachen liegen oft in der Unternehmenskultur begründet, die wir kreiert haben bzw. die sich in den letzten Jahren eingeschlichen hat. Der Verlust von Vertrauen ist allerdings kein Prozess, der sich von heute auf morgen umkehren lässt. Langfristig ist es eine Kärrnerarbeit [20], die Zeit braucht und auch sehr fordernd sein kann. Doch zunächst geht es ums akute Brandherdbekämpfen und Feuerlöschen. Schaue also zunächst einmal bei dir selbst: Was genau hat den Vertrauensbruch in mir ausgelöst? Um welchen Punkt geht es hier genau? Wenn du auf die Ursachensuche gegangen bist und die Antwort gefunden hast, kannst du dich schon viel besser an das Thema heranarbeiten. Denn jetzt hast du die Chance, weg von der Emotionalität hin zur Sachebene zu kommen.

---

[20] *Der Begriff Kärrnerarbeit (der Kärrner ist der „Wagenzieher“, von Karren) steht für harte körperliche Arbeit. Ursprünglich war dies Arbeit, die von einem Karrenführer, einem „Kärrner“, ausgeführt wurde. Der Begriff wurde auf anstrengende, zähe Arbeit allgemein übertragen. Er wird aber auch im figurativen Sinne benutzt, wenn eine Problemlösung besondere Anstrengungen und Ausdauer erfordert.*

Ab diesem Punkt steht und fällt alles mit dem Gespräch mit der betreffenden Person. Hat sie es mit Absicht getan? Ist es versehentlich passiert? Wusste sie es womöglich gar nicht besser? Hierbei kannst du auch toll auf die KDW-Formel zurückgreifen, die ich dir in diesem Buch an späterer Stelle noch vorstelle [21]. Allein diese differenzierte Sichtweise kann sehr viel Einfluss darauf haben, wie du und die betreffende Person zukünftig miteinander umgeht.

Wenn es dann immer noch schwierig ist und ihr nicht so richtig wieder zusammenfindet, dann empfehle ich, einen externen Vermittler dazuzuholen. Er kann sein Augenmerkt auf die Fragen richten: Woher kommt dieser Konflikt? Wie kam es dazu, dass dieser Vertrauensbruch stattfinden konnte? Sind die Ursachen geklärt oder gibt es offene Fragen? Sind an der Stelle womöglich wiederkehrende Probleme beheimatet? Können Stellschrauben und Weichen für die Zukunft gestellt werden? In circa 90 Prozent der Fälle sind auf diese Weise Antworten zu finden, die auch in der Zukunft ein gutes Mit- oder Zusammenarbeiten wieder möglich machen.

Sollte abschließend, auch unter Zuhilfenahme eines Profis, festgestellt werden, dass die Basis nicht zu kitten ist, dann bleibt nur eine Lösung: Entweder kann ich den Mitarbeiter oder die Mitarbeiterin unternehmensintern in einer anderen Abteilung einsetzen. Oder, wenn das nicht möglich ist, dann muss ich mich von der betreffenden Person trennen. Alle fachlichen Fähigkeiten eines Menschen bringen mir am Ende des Tages nichts, wenn ich mich nicht darauf verlassen kann, dass die Dinge in dem Sinne passieren, wie ich sie mir vorstelle bzw. sie dem Unternehmenszweck dienen.

Ich muss mich auf meine Mitarbeitenden blind verlassen können.

---

[21] *Du findest sie im Kapitel „Toolkit".*

Auch Mitarbeitende haben Grenzen

Eins ist mir bei allem wichtig zu sagen: Auch Führungskräfte sind nur Menschen. Sie sind in keiner Weise unfehlbar und machen nicht immer alles richtig. Daher gilt es in dieser Betrachtung nicht nur das Fehlverhalten von Mitarbeitenden unter die Lupe zu nehmen, sondern auch das Verhalten der Führungskräfte selbst. Auch Mitarbeitende dürfen und sollten ihren Führungskräften gegenüber Grenzen aufzeigen. Auf Augenhöhe zusammenzuarbeiten heißt nicht, jegliches Verhalten akzeptieren zu müssen.

Ein bewährter Bewertungsmaßstab für das Verhalten eines Vorgesetzten ist für mich immer meine eigene Wahrnehmung. Stell dir immer die Frage: Wie fühlt sich die Situation für mich gerade an? Sobald wir das Gefühl haben, dass ein Vorgesetzter mit seinem Verhalten bei uns eine Grenze überschritten hat, indem er uns beispielsweise anschreit oder unsachlich wird, dann darf ich das als Mitarbeitender kommunizieren.

Umso klarer du dir in deiner Selbstwahrnehmung, in der Wahrnehmung deiner Emotionen bist und selbstreflektiert vorgehst, desto leichter gelingt dir hier der neutrale Blick. Ich darf als Mitarbeitender durchaus sagen: „Herr/Frau Müller/Maier/Schulze, ich verbitte mir, dass Sie mich in dieser Form anschreien. Sagen Sie mir gerne, welcher Fehler passiert ist. Doch so lasse ich mit mir als Person nicht reden." In dem Moment, wenn wir diese Dinge in der Ich-Form ansprechen und an Dinge knüpfen, die das besagte Verhalten in mir auslösen, benenne ich ausschließlich meine eigenen Emotionen und sorge so dafür, dass das Ganze kein Angriff auf mein Gegenüber ist. „Ich-Botschaften" statt „Du-Botschaften" senden, vielleicht hast du schon davon gehört. Diese Vorgehensweise ist ein probates Mittel für Konflikte jeglicher Art.

Mitarbeitende können und sollen also ihre Grenzen aufzeigen. Diese Interaktion ist für das gesellschaftliche Miteinander wichtig. Es geht darum, sich aufeinander abzustimmen. Wo liegen die Grenzen des jeweils anderen? Wenn diese nie kommuniziert werden, kann mein Gegenüber gar nicht wissen, wo der (Verhaltens-)Maßstab für ihn oder sie angelegt ist. Solange wir in der Ich-Form bleiben und mit ganz konkreten Beispielen begründen, warum wir etwas Bestimmtes gerade nicht möchten oder warum hier eine Grenze für uns überschritten wurde, sind der Anstand und die Form gewahrt.

Unsachlich wird es immer dann, wenn wir mit Allgemeinheiten wie den folgenden herangehen: „Man kann das nicht so machen“, oder mit unkonkreten Aussagen wie: „Immer sind Sie so gemein zu mir.“ Das ist zu unspezifisch, nicht konkret genug.

Der Sandwich-Manager

Je weiter oben ich mich in der „Nahrungskette der Führungsriege" befinde, desto einfacher lässt es sich mit den vorgegebenen Rahmenbedingungen arbeiten. Schwieriger ist es hingegen, wenn ich eine Sandwich-Position einnehme. Das sind die anspruchsvollsten Führungspositionen. Diese Sandwich-Manager befinden sich in einem permanenten Dilemma: Auf der einen Seite bekommen sie von „oben" Anweisungen, was sie in ihrem Bereich alles durchzusetzen haben. Sie bekommen es genau gesagt, womöglich auch Zahlen vorgegeben, die zu erfüllen sind. Sie bekommen Guidelines, an denen sie sich strukturiert orientieren sollen. Häufig erhalten sie ebenfalls klare Vorgaben, wie sie ihre Mitarbeitenden zu führen haben. Nun kann es sein, dass sich die Mitarbeitenden von uns als Sandwich-Führungskraft viel mehr Freiheiten in ihrem Tun, viel mehr Gestaltungsfreiheit, viel mehr Handlungsspielraum wünschen, als ich es womöglich selbst zur Verfügung habe. Was dann?

Hier sehe ich mich in einem Konstrukt, in dem ich einerseits den Wünschen und Bedürfnissen meiner Mitarbeitenden gerecht werden möchte – aber es gar nicht kann, weil mir die Hände gebunden sind. Auf der anderen Seite möchte ich den Vorgaben meiner Führung folgen, weil ich Dinge als sinnvoll erachte. Die Sandwichposition ist der größte Drahtseilakt, den ich als Führungskraft gehen kann. Hier zu bestehen erfordert alle Kompetenzen und Selbstreflexionsfähigkeiten, die als Mensch nur aufbringbar sind. Je weniger Klarheit hier in der eigenen Person besteht, desto deutlicher zeigen sich die Defizite und desto größer sind die Schwierigkeiten im Führungsalltag.

Wenn du dich in einer solchen Position befindest, wenn der Druck von oben immer größer und größer wird, dann ist die Suche nach Hilfe mehr als Stärke denn als Schwäche zu werten. Du begegnest den Herausforderungen offensiv. Wenn der Druck so groß wird, dass du es alleine nicht mehr schaffst, diesem standzuhalten, dann darfst du hier einmal nachforschen: Woran liegt das? Ist das ein persönlicher, emotionaler Druck? Dann kann ich mir hierfür die geeigneten Ansprechpartner suchen. Oder ist das ein fachlicher Druck, der inhaltlich einfach nicht mehr zu leisten ist, weil es womöglich zu viele Aufgaben sind, zu vieles in kurzer Zeit? Dann hilft hier nur das Gespräch mit dem Vorgesetzten. Im Zweifel musst du hier als Sandwich-Führungskraft mal die berühmten Hosen herunterlassen und sagen: „Das ist nicht zu leisten wegen erstens, zweitens, drittens ..." Denn oft ist es so, dass die höhere Führungskraft gar nicht weiß, dass an der Stelle nicht mehr zu leisten ist, weil es nicht frühzeitig kommuniziert wurde. Sprechen hilft. Hier wie auch sonst im Leben.

Wir „haben“ nie fertig!

Jede Veränderung beginnt im Kopf. Und: Egal wie erfolgreich wir möglicherweise schon sind, eine gute Führungskraft lernt nie aus. Alles, was ich tue, mache ich in dem Bestreben zu lernen. Auch und gerade aus Fehlern lernen wir und werden dadurch besser. Das Ziel ist immer das ideale Ergebnis für meine Kunden. Hierin liegt für mich persönlich der Kernpunkt guten Leaderships: Ruhe dich nie auf dem aus, was du schon erreicht hast. Geh immer weiter. Dabei ist es hilfreich, einen Sparringspartner an seiner Seite zu haben. Das sollte eine Person sein, die uns herausfordert, weil er oder sie schon weiter ist als wir. Schon aus dem Grund kann es niemand sein, der aus dem uns unterstellten Bereich kommt.

Erst wenn ich einen Sparringspartner habe, der weiter ist als ich selbst, kann ich Impulse bekommen, die mich wachsen lassen.

Bist du schon Unternehmer oder noch Führungskraft?

In welcher Position bist du im Unternehmen? Bist du Angestellte/r oder ist es dein eigenes Unternehmen? Wir sprachen schon über das Thema Delegieren. Die Beschäftigung mit vielen Fachtätigkeiten hindert viele Führungskräfte daran, sich um ihr eigentliches Kerngeschäft zu kümmern. Wichtig ist daher die genaue Standortbestimmung: Bist du schon am Unternehmen oder arbeitest du noch im Unternehmen? Bist du schon Unternehmer oder noch Führungskraft?

Um dies beantworten zu können, müssen wir die eigene Zielsetzung kennen. Ich persönlich verfolge das Ziel, Unternehmer zu sein anstelle einer reinen Führungskraft. Denn in dem Moment, in dem ich am Unternehmen arbeite, kann ich den Fokus von der Mikropolitik wegnehmen und gucken: Was passiert um mich herum? Was passiert in anderen Unternehmen? Wie und wohin entwickelt sich der Markt?

Ich bin also viel mehr in der Lage, mein Unternehmen in seiner Gesamtheit weiterzuentwickeln anstatt einzelner Arbeitsprozesse. Wenn du auch in einer solchen Position bist, dann lege die Aufgaben- und Prozessentwicklung ab jetzt in die Hände der Mitarbeitenden, das heißt in die Hände der Bereichs- oder Abteilungsleiter, die dann wiederum ihren Bereich stetig und kontinuierlich weiterentwickeln.
Meine Aufgabe als Unternehmer ist es, mein Unternehmen gesamtheitlich weiterzuentwickeln.

Auf Bereichs- oder Abteilungsleiterebene sieht das Prozedere nahezu identisch aus: Je weiter du dich in vielen kleinen Sisyphustätigkeiten verlierst, desto weniger kannst du den Überblick für die Weiterentwicklung und Innovationskraft deiner Abteilung erhalten. Um das zu erreichen, hilft der Ansatzpunkt des Loslassens.

Lasse los und vertraue deinen Mitarbeitenden, dass sie ihrem Job nachkommen.

Zeitmanagement ist dabei natürlich eines der obersten Gebote. Eine gute Führungskraft muss nicht jede Minute ausplanen, aber sie muss definitiv stets den groben zeitlichen Rahmen im Auge behalten. Es gibt nun einmal Terminpflichten, die erfüllt werden müssen, weil es Stakeholder gibt, die auf Zulieferung warten, weil Abgabetermine anstehen, Präsentationen gehalten werden oder andere wichtige Zeitlinien zu wahren sind. Termintreue sollte daher immer an übergeordneter Stelle stehen und an die Mitarbeitenden vermittelt werden.

Erst wenn ich loslasse, wenn ich Vertrauen habe, dass die Prozesse auch ohne mein Zutun erfolgreich und termingerecht laufen, habe ich die Zeit, mich anderen Themen zu widmen.

Wie definierst du für dich Erfolg?

Was ist eigentlich Erfolg? Was bedeutet Vorankommen? Hast du dir diese Frage schon mal gestellt? Und wo legst du persönlich für dich den Fokus? Liegt dein Fokus auf dem eigenen Erfolg, auf dem eigenen Vorankommen? Oder liegt dein Fokus auf dem Prozess, die Gruppe weiterzubringen, oder darin, einen einzelnen Mitarbeitenden weiterzuentwickeln? Ich kann dir schon jetzt sagen: Bei Letzterem ist ein Erfolg immer gegeben.

Das Einstellen des eigenen Fokus ist von entscheidender Bedeutung. Für mich bedeutet Erfolg: das Vorankommen der Gruppe, der Unternehmung zu sichern. Ich habe in den letzten Jahren viele Führungskräfte erleben dürfen. Diejenigen, die Erfolg genauso definierten wie ich, hatten einen gemeinsamen Nenner: Sie konnten gut delegieren. Sie fokussierten sich darauf, wie sie das große Ganze voranbringen konnten, anstatt nach dem günstigsten Anbieter für die nächste Bürobestellung zu suchen. „Schuster, bleib bei deinen Leisten“: Jeder macht das, was er am besten kann, und priorisiert dort seine Aufgaben.

Eine weitere Gemeinsamkeit war ebenso immer die Menschlichkeit beziehungsweise die Empathie. Die Erfolgreichen waren in der Lage, lageadaptiert beziehungsweise situationsbedingt zu handeln. Sie konnten gut zwischen Situationen wechseln, wo es wichtig war, Strenge und Disziplin walten zu lassen, und hatten gleichzeitig das Fingerspitzengefühl, genau zu wissen, wann es wichtig war, genau hinzuhören. Gerade bei introvertierten Mitarbeitenden geht es um die Wahrnehmung der leisen Zwischentöne.

Alt und Jung: Best Practices aus beiden Generationen

Kommen wir jetzt zu der Überlegung: Was, wenn ich als junge Führungskraft plötzlich einen älteren Mitarbeitenden führen soll, zum Beispiel weil ein Wechsel in der Geschäftsführung oder eine Firmenübernahme stattgefunden hat? So unterschiedlich die Generationen mitunter sein mögen, so sehr können sie auch voneinander lernen. Ein großer Punkt ist die **geistige Flexibilität**. Die Jungen sind häufig noch nicht so lange im Unternehmen und dadurch noch nicht so „betriebsblind". Viele Jahre oder Jahrzehnte lang die immer gleichen Dinge zu machen oder zu sehen, kann den eigenen Blick trüben. Die Jungen wiederum bringen häufig sehr viel frischen Wind mit. Sie sind noch neugierig und hinterfragen, wie Aufgaben oder Herausforderungen auch anders gelöst werden können. Sie sind experimentierfreudiger und mutiger, risikobereiter. Das Sicherheitsbedürfnis ist ein Aspekt, der gerade im Alter stärker zunimmt, vor allem dann, wenn man Familie hat.

Das größte Geschenk, das die Alten den Jungen geben können, ist die Beständigkeit.

Weiterhin können die Jungen lernen, dass es im Leben immer Krisen geben wird, durch die man hindurchgehen muss – auch als Unternehmen. Nicht jede Krise bedeutet dabei automatisch einen Unternehmensverlust. Krisen sind auch einfach mal durchzuhalten und auszuhalten. Das fördert eine gewisse Zähigkeit und Stressresistenz. Die Alten sind hier häufig schon erprobter und können die Jungen von ihrem Wissen profitieren lassen, sie auch mental stärken und stützen.

Spätestens wenn der Generationenübergang im Unternehmen eingeleitet wird, kann es zu Situationen kommen, in denen junge Führungskräfte ältere Mitarbeitende führen. Hier gibt es ein paar wenige, dennoch sehr wichtige Aspekte zu berücksichtigen:

Zuallererst darfst du aufgeschlossen, aber nicht devot sein. Es geht darum, die Kompetenzen und das Hintergrundwissen der älteren Kollegen anzuerkennen. Wenn ich als junge Führungskraft mit älteren Mitarbeitenden zu tun habe, dann ist es wichtig, auf der einen Seite innerlich die Haltung und das Wissen zu haben: Ich bin die Führungskraft. Gleichzeitig muss ich den älteren Kollegen ihr Fachwissen und ihre Fachkompetenz zugestehen können. Ich erkenne an, was diese Kollegen eigentlich leisten, ich frage sie auch mal um Rat. Als Führungskraft alles zu wissen – das geht nicht. Dennoch ist es wichtig, sich als „Greenhorn" nicht in eine Kind- oder Enkelrolle drängen zu lassen.

Wenn beide Generationen erfolgreich miteinander arbeiten wollen, ist es von Bedeutung, gemeinsam die Augenhöhe zu wahren.

Nimm dir als junge Führungskraft die Zeit, in deine und auch andere Abteilungen hineinzugehen und dir mal anzugucken, was jeder Einzelne genau macht. Je besser du verstehst, worüber du sprichst, umso größer ist die Akzeptanz deiner Person und deiner Rolle. Eine Führungskraft ist immer eher ein Generalist. Dadurch brauchst du einige Menschen um dich herum, die fachlich richtig viel Ahnung haben und auf die du dich verlassen kannst. Die Basis dafür ist, dass du genau weißt, was jeder von ihnen tut und kann.

Und schlussendlich: Konserviere dir deinen Idealismus, solange es geht. Nur so kann die Arbeitswelt besser werden.

Wenn am Ende die Jungen von den Alten lernen und die Alten von den Jungen, haben wir Best Practices aus allen Generationen.

Wir stehen jetzt an einer Schwelle. Althergebrachtes und alte Führungsstile werden in der bisherigen Form in Zukunft nicht mehr funktionieren. Es gilt sich anzupassen, sich zu wandeln und mit der Zeit zu gehen. Gute Führung wird künftig geprägt sein durch Flexibilität,

Individualität und auch Digitalisierung. Es geht darum, präsent zu sein – unabhängig davon, ob ich eins zu eins vor meinen Mitarbeitenden stehe oder ob sie sich im Homeoffice befinden.

Die Führungskraft schafft die Rahmenbedingungen, damit jeder Mitarbeitende bestmöglich das tut, was er tun soll und seine Aufgaben wahrnimmt.

Und im besten Falle geht die gemeinsame Zeit, die man miteinander verbringt, weit darüber hinaus. Wie John Quincy Adams es eingangs im Zitat sagt: Wir beflügeln unsere Mitarbeitenden. Wir entfachen in ihnen einen Traum. Wir erwecken in ihnen ihre Begeisterung dafür, noch mehr zu wissen, noch mehr zu lernen, noch mehr zu tun und noch mehr zu werden. Als Mitarbeitender und als Mensch. All das macht uns zu wahren Leadern.

Nicht jedes Gefecht ist es wert, geführt zu werden

Abschließend möchte ich dich noch an einer Erfahrung teilhaben lassen. Eine Sache, die ich heute anders mache als früher, lässt mein Leben und meine verschiedenen Rollen als Unternehmerin, Führungskraft und auch als Privatperson sehr viel leichter sein: Ich zeige meine Grenzen früher auf.

Auch früher signalisierte ich öfters meine Grenzen, doch ich verpackte sie noch nicht gut genug in Ich-Botschaften. Dadurch kamen sie nicht oder nicht wirksam bei meinem Gegenüber an. Ich versteckte mich früher auch viel hinter Regeln. Ich sagte zum Beispiel: „Das können Sie mir nicht befehlen, wegen/weil ...". Ich sagte nicht, WARUM mich das persönlich ärgerte oder kränkte. Lange Zeit versuchte ich, die emotionale Ebene aus meiner Argumentation herauszulassen, bis es dann irgendwann aus mir rausbrach und auch das eine oder andere Mal Tränen kamen. Das war unnötig. Wenn ich frühzeitig zeige, wo meine Grenze ist, ist dies nicht mehr nötig.

Ich würde nach wie vor weiter für mich einstehen und für mein Recht kämpfen, wenn ich der Meinung bin, dass mein Gegenüber partout falsch liegt. Ich würde allerdings heute sehr wahrscheinlich nicht mehr jedes Gefecht führen. Manche Diskussionen und Kämpfe sind der Mühe und der Kraft nicht wert. In Situationen, die zu sehr an meinen Werten rütteln, würde ich weiterhin für mich einstehen. Alles andere kann man getrost liegen lassen nach dem Motto: „Lächeln und winken, Männer!" Die Entscheidung, in den wirklich wichtigen Momenten für mich selbst und meine Werte einzustehen, hat meinem eigenen Wert – meinem Selbstwert – einen ganz großen Push gegeben. Ich wurde dadurch auch viel unabhängiger von der Meinung anderer. Ich musste mein Handeln und Tun im Zweifel nur vor mir selbst rechtfertigen, vor keinem anderen. Und das gab mir ganz viel mentale Freiheit. Auch Kritik, die ich dann erhielt – und Kritik kann ja sowohl positiv wie negativ sein –, konnte ich auf einmal ganz anders einordnen, sie viel sachlicher wahrnehmen und daraus auch richtig gute Schlüsse ziehen.

Als ich anfing, für mich einzustehen, wurde ich ruhiger.

Du erinnerst dich? Die besten Führungskräfte sind in der Regel in sich ruhende Menschen. Wie du diese Ruhe für dich selbst herstellen kannst, ist ein spannender fortwährender Prozess, der mit der eigenen Persönlichkeitsentwicklung beginnt und sehr individuell ist. Ich hoffe, du konntest aus meinen Wahrnehmungen und Erfahrungen einige Anregungen für dich mitnehmen. Letztlich ist die eigene Persönlichkeitsentwicklung ein Geschenk, das du dir selbst machst und von dem am Ende alle profitieren. Eine Win-win-Situation für alle Beteiligten. **Erst wenn du der Leader deines eigenen Schiffes sein kannst, bist du auch ein guter Leader für andere Schiffe.**

„Um dich in Freiheit entfalten zu können,
musst du alles lösen,
was dich daran hindert."
(Elias Fischer)

Navy Rules

Es war einmal vor langer, langer Zeit, da wurde ein Mädchen geboren ... Spaß beiseite, zur Marine zu gehen war nicht das, wovon ich schon als kleines Mädchen träumte. Auch die Familientradition brachte mich nicht zu ihr. Eher hatte ich in meinen ersten Lebensjahren diese typische Klein-Mädchen-Karriere im Sinn: Da mich Tiere schon von klein auf begleiteten und mir immer wichtig waren, wollte ich als Kind Tierärztin werden. Irgendwann, vermutlich als ich fünf oder sechs Jahre alt war, musste ich zu meinem Erschrecken feststellen, dass man als Tierärztin auch Tiere einschläfern muss. Das brach mein kleines Herz. Ich wollte doch Tierärztin werden, um Tieren zu helfen, und nicht, um sie umzubringen. Diese Vorstellung war grauenvoll und so entschied ich mich schlussendlich dafür, Medizin zu studieren. In dem Bereich musste ich wenigstens keinen um die Ecke bringen. Diesem neuen Wunsch hing ich nahezu während meiner gesamten Schulzeit nach.

Ende der 1990er, als ich in der siebten oder achten Klasse war, besuchte ich zusammen mit meinen Eltern eine Wasserflugzeugshow am Wannsee. Vor Ort war auch ein Promotionbus der Marine. Die Neugier siegte und so betraten wir als Familie das Mobil. Was mir die Marine in Verbindung mit dem Medizinstudium bot, klang traumhaft:

Ich könnte nicht nur Medizin studieren, sondern wäre direkt am Wasser – sogar auf dem Wasser!

Ich fand Wasser schon immer super. Außerdem würde ich etwas von der Welt sehen, hätte direkt einen Studienplatz und im Anschluss sofort einen Arbeitsplatz. Es klang wie ein Sechser im Lotto für mich. Gesagt, getan, und so ließ mich dieser Gedanke die erste Zeit nicht mehr los.

Um die elfte Klasse herum kamen langsam der Lern- und Schulfrust:

„Nach dem Abi noch mal sechs Jahre studieren? Nee!"

So fing ich an, mich nach anderen Themen umzuschauen. Profiling fand ich früher toll und guckte mit Vorliebe amerikanische Serien und Reportagen wie „Autopsie" oder „Criminal Minds". In den Kopf meines Gegenübers eintauchen und seine Psyche ergründen – das war genau meins. Da es damals eine solche Tätigkeit weder bei der deutschen Polizei noch beim Bundeskriminalamt gab, musste ich mich umorientieren. Sollte ich in die Wirtschaft gehen?

Nahezu zeitgleich, etwa in 2002/2003, öffnete sich die Bundeswehr für alle Bereiche. Für Frauen war es von nun an möglich, in alle Dienstgradgruppen und damit auch in sämtliche Studiengänge einzutreten. Als es für mich allmählich auf das Ende der zwölften Klasse zuging, kam die Zeit der Bewerbungen. Eigentlich wollte ich schon gar nicht mehr zur Bundeswehr. In der Zwischenzeit hatte ich so viele Ideen durchgespielt, was ich mit meinem Leben anstellen wollte. Es gab einiges, was mir gefiel. Doch an dem Punkt kamen meine Eltern und sagten zu mir: „Nee, Fräulein, du hängst uns nun schon seit Jahren in den Ohren. Jetzt bewirbst du dich gefälligst bei der Bundeswehr!" Das habe ich dann auch gemacht. Ich vereinbarte einen Termin mit dem Karriereberater der Bundeswehr und hätte mich fast bequatschen lassen, zum Heer zu gehen. Der Bedarf und die Chance, genommen zu werden, waren beim Heer viel größer als bei der Marine. Ich kam also freudeschreiend nach Hause und rief: „OP Info, Zentrum Operative Information, einmal

Richtung Mayen bei Koblenz, bitte!" Meine Eltern guckten mich bloß irritiert an und fragten: „Was willst du? Seit Jahren erzählst du was von Seefahrt und jetzt auf einmal willst du ins Buschwerk gehen?" Da erst stellte ich fest, dass der Karriereberater das ganz schön clever gemacht hatte, mich in Richtung Heer zu „beraten".

Ich schrieb meine Bewerbung für die Marine unter der Prämisse: „Wenn Sie mich nicht nehmen, super. Dann kann ich wenigstens sagen, ich habe es probiert. Und wenn Sie mich nehmen, dann habe ich ein Problem. Denn an dem Punkt muss ich mir dann überlegen, ob ich das wirklich will."

Bingo – ich wurde prompt eingeladen zum Assessment Center in Köln und erhielt nach dem bestandenen Auswahlverfahren direkt eine Stellenzusage mit Studienplatzzuweisung.

Ich beruhigte mich innerlich mit dem Satz, dass ich mir das Ganze ja erst mal angucken könnte.

Genau mit dieser Einstellung bin ich im Grunde genommen auch durch die ersten Jahre bei der Marine gegangen. Zunächst nahm ich mein Widerrufsrecht an, welches mir ermöglichte, innerhalb der ersten sechs Monate eine Art Notausgang zu nehmen. Bis zu dem Punkt hatte ich noch die Möglichkeit zu entscheiden, ob ich wieder ging oder die vollen zwölf Jahre blieb. Im Rückblick denke ich: Das ist eine große Entscheidung mit gerade einmal 20 Jahren, deren Tragweite ich mir damals gar nicht vollumfänglich bewusst war. Doch einmal ins Boot gestiegen, bleibst du bis zum Anlegen sitzen.

Auftragstaktik: Ziel und Rahmen statt Befehl und Gehorsam

So lang diese zwölf Jahre Dienstzeit waren, so lehrreich waren sie für mich. Bei vielen, die das System der Streitkräfte nicht selbst erlebt haben, wird die Bundeswehr im Bereich Führung kritisch gesehen. Vermutlich existiert in vielen Köpfen tatsächlich ein falsches Bild. Das Prinzip „Befehl und Gehorsam" – oder anders gesagt: es gibt einen, der ansagt, und alle anderen müssen nur spuren und folgen –, das ist etwas, was ich so nicht erlebt habe.

Ich erlebte eine Bundeswehr, in der inzwischen das Motto der **Auftragstaktik** gelebt wird. Das heißt, dass ein Ziel festgesetzt wird, und zu diesem Ziel wird ein Rahmen an die Hand gegeben, innerhalb dem sich der Verantwortliche seinen Weg sucht. Der eine Vorgesetzte beherrschte das Ziel- und Rahmengeben besser, der andere weniger gut. Je enger oder breiter der Rahmen war (Extreme sind hier der Anhaltspunkt), desto größer war natürlich auch die mögliche Fehlerquelle.

Ich habe die besten Erfahrungen damit gemacht, in den Streitkräften wie auch in der Zeit danach, dass ich, wenn ich meine Leute mitnehmen will, Verständnis für meine Entscheidungen schaffen muss. Das heißt, wenn ich möchte, dass wir beispielsweise einen Umweg einschlagen, dann ist es wichtig, dass ich meinen Leuten erkläre, warum das in meinen Augen Sinn macht. Ist der Sinn klar, gehen die Leute auch Umwege gerne mit.

Selbstständig zu entscheiden, wann welche und wie viele Informationen zu teilen sind, das ist etwas, in dem wir als (ehemalige) Soldaten einen großen Vorteil durch die Ausbildung in den Streitkräften haben. Es wird uns einfach von jüngsten Ausbildungsbeinen an an die Hand gegeben. Das Ausprobieren dessen war für mich sehr wertvoll. Denn ehrlicheres Feedback als von seinem unterstellten Personal, das gibt es nicht. Wenn eine Entscheidung von dir schlecht ist, dann bekommst du das direkt quittiert. Und wenn eine Entscheidung gut gelaufen ist, dann merkst du das an der Motivation der Leute, die, auf gut Deutsch gesagt, dann auch „Bock haben", mit dir mitzugehen.

Die Streitkräfte sind ein Tummelplatz aller Herkunftsbereiche. Man ist mit sehr vielen unterschiedlichen Menschen aus allen Gesellschaftsschichten konfrontiert. Abiturienten, Studierte, Realschüler (damals noch Hauptschüler) mit Berufsausbildung oder auch ohne, manchmal sogar ohne Schulabschluss ... Und sie alle stehen vor dir und wollen von dir geführt werden. Alle sollen dabei intellektuell gleich wenig oder gleich viel gefordert und mit identischen Aufgabenstellungen konfrontiert werden.

Doch so funktioniert das Leben nicht und auch die Bundeswehr nicht. Menschen sind nicht gleich. Sie sind anders, jeder einzelne. Von einem Nashorn zu verlangen, dass es auf einen Baum klettert, ist ebenso absurd wie von einer Katze zu verlangen, dass sie schwimmen soll. Individualität und bedarfs- sowie bedürfnisangepasste Aufgabenstellungen sind hier entscheidend. Ich durfte ausprobieren und erleben, wie das gelingen kann (mit allen Herausforderungen natürlich) und fand das immer sehr spannend. Von den gesammelten Erfahrungen zehre ich auch heute noch.

„Leuchttürme“ guter Führung

In meiner Dienstzeit erlebte ich im Bereich der Führung tatsächlich ein paar Leuchttürme, die ich positiv empfand und für meine eigene Entwicklung als sehr förderlich wahrnahm. „Gut“ fand ich die Führung prinzipiell immer dann, wenn ich einen Vorgesetzten hatte, der mir seine Zielvorstellung so konkret wie möglich an die Hand gab. Wenn er mir zum Beispiel sagte, in welchem Rahmen ich mich bewegen konnte, und mich dann laufen ließ, mich Dinge ausprobieren ließ. Wenn ich ausreichend Feedback bekam, wenn die Ergebnisse toll waren, und mir auch ehrlich gesagt wurde, wann ein Kursverlust vorlag. Ein „guter Vorgesetzter“ konnte mir immer genau begründen, warum er einen Kursverlust sah, und bot mir gleichzeitig die Chance, einen neuen Weg auszuprobieren. Wenn dieser Vorgesetzte mir dabei dann nicht einfach seinen Weg überstülpte, dann waren das die für mich wertvollsten Erfahrungen.

Immer in den Spiegel schauen können

Ein konkretes Beispiel dazu: Auf meinem ersten Dienstposten in der Nähe von Kiel war ich als Leiterin eines Standortteams zuständig für einen größeren Betreuungsbereich für das damalige Marineamt, welches in Rostock beheimatet war. Das hieß: Mein Chef saß in Rostock, während ich mich einige Kilometer entfernt befand. Thematisch ging es um die interne Nachwuchsgewinnung[22]. Die Abteilung war über mehrere Standortbetreuungsbereiche organisiert und mir oblag damals die Standortbetreuung von fünf Standorten. Ich als Newby und Greenhorn trug damit wirklich eine große Verantwortung, die sonst nur Offiziere mit mehrjähriger Erfahrung betreuten. Ich selbst war damals gerade am Übergang von Frau Leutnant zu Frau Oberleutnant.

Mein Chef sagte zu mir: „Ich möchte, dass Sie Nachwuchs rekrutieren." Das war die Grund-Guideline (Stichwort: Auftragstaktik). Ich fragte ihn, ob ich das so machen könne, wie ich es verantworten konnte. Hintergrund meiner Frage war, dass ich alles, was ich im Leben tue, morgens im Spiegel vor mir selbst vertreten können muss. Ich erzählte ihm, dass ich niemanden in eine Position „hineinquatschen" möchte, auch wenn ich dazu in der Lage wäre. Ich wollte stattdessen genau die Menschen rekrutieren bzw. für ihren Dienst verlängern, die auch wirklich Lust darauf hatten und sich über die Konsequenzen bewusst waren.

Diese Leine ließ er mir. Das bedeutete, dass ich für die Vorauswahl zum Laufbahnwechsel[23] möglicherweise nur sechs Leute nach Wilhelmshaven ins Zentrum für Nachwuchsgewinnung (Assessment Center für alle

---

[22] *Soldaten, die beispielsweise ihre Zeit über die Grundausbildung hinaus verlängern wollten.*

[23] *Beispielsweise Bewerber, die als Mannschaftssoldaten nun Unteroffizier werden wollten. (Eine gute Assoziationskette für die einzelnen Dienstgradgruppen ist die folgende: Mannschaften – Arbeiter, Unteroffiziere ohne Portepee – Gesellen, Unteroffiziere mit Portepee – Meister, Offiziere – Manager.)*

Mannschaften und Unteroffiziere) schickte, die positiv geprüft wurden. Wohingegen andere Teams [24] vielleicht mit zwölf bis 15 Leuten dort aufwarteten – von denen aber auch nur fünf oder sechs positiv Geprüfte zurückkamen.

Eine solche Tätigkeit direkt als ersten Dienstposten nach dem Studium erleben zu dürfen, das war für mich das Paradies. Mein Chef hatte ein gutes Gespür für mich und kitzelte so das Beste aus mir heraus. Er bekam somit immer die Ergebnisse, die er wollte, und noch mehr. Im Umkehrschluss bekam ich immer mehr Verantwortungsbereiche zugewiesen und konnte gleichzeitig immer mehr entscheiden, wie ich meinen Weg gehen wollte. Peu à peu konnte ich so zunehmend eigenverantwortlicher handeln. Das empfand ich als sehr wertvoll.

---

[24] *Über den gesamten Marinebereich entlang der deutschen Küstengewässer gab es mehrere Teams.*

Eine Frage der Ehre – nicht nur im Film

An dieser Stelle kommt die berechtigte Frage auf: Wenn doch nun alles so positiv war, warum wollte ich dann die Marine überhaupt verlassen? Zunächst einmal hat unser Gehirn eine hervorragende Eigenschaft. Es lässt uns gute Erfahrungen und Erinnerungen sehr viel eindrucksvoller abspeichern als negative. Die negativen Erlebnisse erfahren in unseren Erinnerungen, auch zu unserem Schutz, eine Herabstufung. Da sich meine „Ich-gehe-Gedanken" wie eine Talfahrt aufbauten und mit einem lauten Knall ihr Ende fanden, nehme ich dich hier ein paar Meter mit und lasse dich teilhaben.

Wo Licht ist, ist auch Schatten, und das gilt auch im Bereich der Führung bei der Bundeswehr. So wie in vielen Unternehmungen in der freien Wirtschaft auch. Ich erlebte viele tolle Dinge bei der Bundeswehr und ich erlebte auch unfassbar viele schlechte Dinge. Gespräche mit Kameraden und anderen Ehemaligen zeigen mir, dass solche Erfahrungen kein Einzelfall sind.

Noch während meiner Dienstzeit an jenem Standort in der Nähe von Kiel bekam ich vom Personalamt der Bundeswehr die Möglichkeit, in eine direkte Führungsposition mit mehr Mitarbeiterverantwortung zu wechseln. Der neue Dienstposten lag etwa 250 Kilometer entfernt an der Nordseeküste. Aus meinem sicheren Hafen kommend mit den vielen sehr guten Erlebnissen als Führungskraft, entschied ich mich dazu, diesen Job frühzeitig aufzugeben[25] und unbekannte Ufer anzusteuern. Ich wollte es mir wohl selbst beweisen. Leider lernte ich bereits in den ersten Tagen nach Dienstantritt in der neuen Stelle in Bremerhaven, dass hier ein für mich sehr viel rauerer Wind wehte. Missgunst und

---

[25] *Ich hätte auf diesem Dienstposten bis zu meiner Beförderung zum Kapitänleutnant verbleiben können.*

Schikane lagen hier an der Tagesordnung. Die Stehzeit (das ist die Zeit, die man für einen Dienstposten vorgesehen ist) brachte mich hier an meine mentalen Grenzen und darüber hinaus. Ich greife hier bewusst nur eine Situation mit meinem direkten Vorgesetzten auf, die exemplarisch für das gesamte Dienstgeschehen war.

Als Auslöser für den großen Knall lässt sich für mich ausmachen, dass ich mich zunächst vor einen neuen Mitarbeiter in meiner Abteilung stellte, weil ich noch nicht ausreichend informiert war, was ihm vorgeworfen wurde und was darüber hinaus falsch gelaufen war. Der Neue, ein Auszubildender, wurde beschuldigt, verschlafen zu haben. Angeblich läge er noch in seinem Bett, hieß es. Ich hingegen meldete morgens, dass mein Bereich vollzählig anwesend sei. Ich wollte zunächst einmal klären, was da eigentlich los war, auch, um die Angelegenheit im Zweifel intern zu klären.

Wir wollten an dem Tag zum Schießen fahren, bei dem ich als Leitender fungierte. Ich trug die Munitionsbegleitwaffe[26], und das bedeutete, dass ich eine zu dem Zeitpunkt bereits teilgeladene Waffe am Holster hatte. Mein damaliger Chef zitierte mich lautstark und sehr ungehalten in sein Büro. Bei geöffneter Tür, während draußen alle anderen Soldaten der Einheit (alles mir unterstelltes Personal) entlangliefen, schrie er mich an und machte mich „rund". Was ich mir eigentlich einbilden würde? Er könne hier sofort ein Disziplinarverfahren eröffnen, mich vernehmen, mir sämtliche Kompetenzen entziehen. Das sei ja wohl absolute Missachtung ... Draußen liefen meine unterstellten Soldaten vorbei, blieben teilweise stehen und hörten alles mit an.

---

[26] *Eine geladene Waffe, die in einem separaten Fahrzeug mit der Munition zum Schießen fährt. Die Soldaten selbst führen ungeladene Waffen mit sich.*

Ich stand die ganze Zeit mit einer teilgeladenen Waffe wie der sprichwörtliche Ochs vorm Berg vor meinem Chef. In meinen Augen ist ein solches Verhalten das hochgradig Dümmste, was man an den Tag legen kann. Warum? Nun, zum einen: Die Führungskraft hörte mich nicht einmal an. Sie erfragte nicht einmal meine Sichtweise. Zum anderen beraubte mich mein Chef vor der versammelten Gruppe meiner Integrität und meiner Autorität, indem er sie ganz offenkundig infrage stellte.

Er schrie mich an, obwohl er wusste, dass ich eine teilgeladene Waffe mit mir führte.

Bei Menschen, die instabil sind, kann das lebensgefährlich für die andere Person enden. Gleichzeitig kann es auch lebensgefährlich für weitere Anwesende sein. Eine Waffe ist kein Spielzeug. Eine Waffe ist gefährlich. Wenn wir über eine teilgeladene Waffe sprechen, dann reden wir davon, dass sich bereits Munition an bzw. in der Waffe befindet. Sie befindet sich nur noch nicht im Rohr. Als Laie kann man einem Menschen auch nicht unbedingt ansehen, ob er psychisch labil oder sogar womöglich krank ist und ob diese Situation eskalieren könnte.

Mein Chef ließ diese Situation unkommentiert im Raum stehen. Das ist beispielgebend für ähnliche Situationen, die wir miteinander hatten, und in meinen Augen war sein Verhalten unfassbar unverantwortlich.

So etwas möchte ich nie wieder für mich selbst erleben, und auch nicht miterleben, dass andere Menschen in ähnlichen Situationen so behandelt werden, egal ob Munition im Spiel ist oder nicht.

Hier nutzte jemand seine Macht aufgrund des Dienstgrades bzw. aufgrund seiner Dienststellung aus, jedoch nicht aufgrund seiner Verantwortung, die er eigentlich zu tragen hatte.

Ein Fall fürs Truppendienstgericht

Für mich war dieses Erlebnis der Sargnagel auf unserer Beziehung. Ebenso erschütterte es mich in meinen Grundfesten und sorgte dafür, dass ich selbst nicht mehr hinterfragte, was eigentlich legitim war. Mein Vorgesetzter schaffte es durch sein Verhalten, dass ich meine gesamte Urteilskraft komplett infrage stellte. Dadurch, dass er mich mit dieser Art auch vor anderen diffamierte, nahm er mir auch einen Teil meiner Ehre und meines Respekts. Nicht nur den Respekt anderer, sondern auch den Respekt, den ich mir selbst zollte.

Obwohl ich bereits damals mit Bauchschmerzen und Unwohlsein zum Dienst kam, versuchte ich, mich gegen dieses Verhalten zur Wehr zu setzen: Ich beschwerte mich. Was dazu führte, dass ich in meiner bevorstehenden schriftlichen Beurteilung massiv abgestraft wurde. Wenngleich mich die Person, die meine Beurteilung verfasste, eigentlich gar nicht lange genug kannte, um mich überhaupt beurteilen zu können[27]. Als ich mich über die Beurteilung beschwerte und unter Begleitung der Vertrauensperson die Aufhebung beantragte, wurde meinem Antrag tatsächlich stattgegeben – wegen Verdachts der Befangenheit. Mit dem Ergebnis, dass ich von der nächsthöheren Ebene noch schlechter beurteilt wurde. Als ich mich über diese Beurteilung dann mithilfe eines Anwalts beschwerte, gelangte der ganze Sachverhalt bis in die höchste Amtsbehörde, das Marineamt, hinein und wurde gedeckt. Schlussendlich kam das Ganze bis vors Truppendienstgericht.

Eineinhalb für mich sehr lange Jahre gingen ins Land, bis der Fall vor dem Truppendienstgericht behandelt wurde. Emotional hat das sehr an mir gezehrt, denn letztlich stand ich die ganze Zeit im Ungewissen.

---

[27] *Zu dem Zeitpunkt befand ich mich noch kein halbes Jahr in der neuen Einheit und kam mit einem außerordentlich guten Beurteilungsbeitrag von meinem alten Dienstposten auf dem neuen an.*

Ich wurde zwischenzeitlich noch einmal versetzt und ging auch auf dem neuen Posten weiterhin jeden Tag mit Bauchschmerzen und Unwohlsein zum Dienst. Innerlich fühlte ich mich immer instabiler, sodass ich an einem bestimmten Punkt beschloss, in Therapie zu gehen. Das hat mich letztlich meine Karriere gekostet. Die ganze Zeit über wurde versucht, mich zum Bauernopfer zu machen – und dieses Bauernopfer wurde bis in die höchste Ebene geduldet. Erst vorm Truppendienstgericht wurde mir einstimmig recht gegeben. Meine Beurteilung musste papiermäßig aufgehoben werden und verschwand formal aus meiner Akte. Doch zu diesem Zeitpunkt war das in einem Unternehmen, das nicht groß ist – und die Marine ist relativ klein –, verbrannte Erde.

Menschen reden miteinander. Ich brauchte kein Blatt Papier in der Akte, es wurde auch so über mich geredet.

Summa summarum war meine Karriere zu dem Zeitpunkt hinüber. Ich hatte den sprichwörtlichen Stempel drauf, weil ich es gewagt hatte, den Mund aufzumachen.

Der Wunsch, die Bundeswehr zu verlassen, war an der Stelle für mich nur noch die logische Konsequenz. Bis zu der Situation war ich wirklich positiv gestimmt gewesen. Ich hatte davor einen so tollen Chef gehabt, war in Positionen hineingefördert worden, wo ich mich wahnsinnig wohlgefühlt hatte und die besten Empfehlungen hatte zu bleiben. Bis zu dem Punkt konnte ich mir den Berufssoldaten grundsätzlich vorstellen. Ich wollte mir das System Marine nur noch ein bisschen länger ansehen, um mich endgültig zu entscheiden. Doch im Prinzip war es wirklich etwas, was ich mir für meine Zukunft gut vorstellen konnte.

Doch nach dieser Erfahrung war die Entscheidung für mich klar. In den schriftlichen Beurteilungen bei der Bundeswehr gibt es die Möglichkeit, die persönliche Darstellung und Wünsche für die eigene militärische Zukunft zu äußern. Nach der Situation mit der teilgeladenen

Waffe ließ ich damals in meiner Beurteilung aufnehmen, dass ich ein klarer Kandidat für die Soldatin auf Zeit sei, obwohl ich wusste, welche Konsequenzen das haben würde: Ab diesem Zeitpunkt war klar, dass ich mir selbst jede weitere Förderungswürdigkeit genommen hatte. Soldaten, die gegenüber dem Wunsch zum Berufssoldaten [28] nicht offen aufgestellt sind, erhalten keine förderungswürdigen Dienstposten mehr. Ihnen braucht schließlich keine Karotte mehr vor die Nase gehalten werden – sie gehen ja sowieso bald. Doch diese Erfahrung war für mich so gravierend gewesen, und ich hatte das Gefühl, der Willkür eines Menschen so hoffnungslos ausgesetzt zu sein, dass ich mich nie wieder so fühlen wollte. Nie wieder so hilflos. Nie wieder so meiner eigenen Entscheidungsfreiheit beraubt. Und nie wieder einem Menschen unterstellt sein, dem es völlig egal war, wie es seinem Umfeld ging. Das war der Punkt, ab dem ich für mich gedanklich den Hebel umlegte.

Nun fragst du dich vielleicht, ob eine Förderung wegen einer solchen Bemerkung in der Beurteilung tatsächlich verschwindet. An dieser Stelle kann ich dir das hundertprozentig bejahen. Ich war zum damaligen Zeitpunkt bereits in meiner ersten Beurteilung unglaublich gut bewertet worden, genauer gesagt, in einer Beurteilungssequenz, in der sich nur die besten zehn Prozent des Jahrgangs befanden. Mit einem zusätzlichen Beurteilungsbeitrag im obersten Bereich wurde ich auf den genannten Dienstposten in Bremerhaven versetzt. Hier wurde ich dann innerhalb von fünf Monaten nach Antritt erneut beurteilt. Dies war die Beurteilung, die aufgehoben werden musste. Die Wertigkeit der beiden Beurteilungen sorgte dafür, dass ich in der Förderungswürdigkeit gleich um mehrere Stufen abwärtsfiel. Ich rutschte sozusagen die Karriereleiter auf dem Allerwertesten rasant bergab. Trotz meiner vorab gezeigten hervorragenden Leistungen wurde ich in keinem Perspektivprogramm weiter betrachtet. Im System Bundeswehr ist es so,

---

[28] *Schriftlich in der Beurteilung vermerkt.*

dass Menschen, die ganz klar sagen, dass sie bleiben und Berufssoldat werden möchten, besser beurteilt werden. Das ist vorgegeben durch die Form des Beurteilungssystems.

Da das Förderungs- und Auswahlprogramm zum Berufssoldaten auf einem Punktesystem basiert, müssen diese Menschen vom Punktesystem höhergestellt werden als solche, die sagen, dass sie nur ihre zwölfjährige Regeldienstzeit leisten möchten. Ganz unabhängig von der Leistung. Sprich, auch wenn ein Soldat mit Ambitionen zum Berufssoldaten schlechtere Leistungen bringt als ein klarer Kandidat für den Soldaten auf Zeit, wird der Ambitionskandidat besser beurteilt.

Ich durfte es erleben, dass Beurteilungen besser oder schlechter ausfielen nur aufgrund der Tatsache, wie sehr man jemanden pushen möchte – egal wie gut oder schlecht dessen Leistung ist.

Lange Zeit stellte ich mir die Frage, ob dies eine Krankheit des Beurteilungssystems der Bundeswehr ist, oder ob es mögliche Parallelen zur Zivilwirtschaft gibt.

Mittlerweile nehme ich an, dass es ein grundsätzliches militärisches Problem ist. Ich kenne das von Kameraden aus anderen Teilstreitkräften, von ehemaligen Kameraden und aktiven Kameraden aus allen unterschiedlichen Ebenen, wo ganz klar hinter geschlossenen Türen untereinander kommuniziert wurde. Unabhängig davon, ob es sich um männliche oder weibliche Kameraden handelte, es hieß ganz klar: „Herr/Frau XY, eigentlich haben wir Sie da (heißt: deutlich weiter oben im Bewertungssystem) gesehen, aber Sie haben eben gesagt, Sie wollen nicht länger bleiben. Wir haben hier Kandidaten B. Kandidat B möchte länger bleiben, wir haben ihm daher Ihre Beurteilungspunkte gegeben.“ Das ist definitiv ein Thema des militärischen Systems.

Ob ein Beurteilungssystem in der ähnlichen Form seinen Einfluss in Wirtschaftsunternehmen hat, bleibt fraglich.

In der Wirtschaft habe ich eher die Erfahrung gesammelt, dass es deutlich mehr mit Sympathie und Antipathie zu tun hat und weniger mit der Dauer der Unternehmenszugehörigkeit, wie man beurteilt und wie stark man gefördert wird oder nicht.

Fazit

Für mich zeigte sich in der Marine, dass es am Ende mit der Führung steht und fällt. In einem großen System, egal ob Militär oder Wirtschaft, wird es immer Dinge geben, mit denen wir uns besser oder schlechter arrangieren können. Es wird immer Dinge geben, die mir gut gefallen oder die zu den weniger geliebten Tätigkeiten zählen. Für mich stand am Ende jedoch eines fest: Das System hinderte mich daran, mich so zu entfalten und die Person sein zu können, die ich wirklich war und bin.

Jeder hat ein eigenes Gefühl für seine Freiheit. Jeder spürt selbst am besten, was ihn frei macht und was ihn in der Entfaltung bremst. Im Nachhinein betrachtet fühlte es sich an wie eine Raupe in einem Dauerkokon. Erst nach meinem Dienstzeitende und dem Entdecken meiner eigenen Werte, meinem eigenen Sein, konnte ich als Schmetterling schlüpfen und den „Rules" der Marine davonfliegen, die mich stärker regiert hatten, als mir lieb war, und deren Tragweite ich in jungen Jahren nie hätte ahnen können. Erleichtert. Mit neuen Erfahrungen und einem neuen Respekt für mich selbst im Gepäck.

„Nicht alle Stürme kommen,
um dein Leben zu erschüttern.
Manche kommen,
um dir den Weg freizumachen."
(unbekannt)

Umgang mit Krisen

„[...] Denselben Tag aber, wo sie Rapunzel verstoßen hatte, machte abends die Zauberin die abgeschnittenen Flechten oben am Fensterhaken fest, und als der Königssohn kam und rief: ‚Rapunzel, Rapunzel, lass dein Haar herunter', so ließ sie die Haare hinab. Der Königssohn stieg hinauf, aber er fand oben nicht seine liebste Rapunzel, sondern die Zauberin, die ihn mit bösen und giftigen Blicken ansah. ‚Aha', rief sie höhnisch, ‚du willst die Frau Liebste holen, aber der schöne Vogel sitzt nicht mehr im Nest und singt nicht mehr, die Katze hat ihn geholt und wird dir auch noch die Augen auskratzen. Für dich ist Rapunzel verloren, du wirst sie nie wieder erblicken.'"

Wie es in Märchen häufig so ist, hat der Held bzw. die Heldin im Verlauf der Geschichte einige Abenteuer und Rückschläge zu bestehen, damit am Ende alles gut wird. Auch dieser Königssohn im Märchen „Rapunzel" der Gebrüder Grimm erlebt einige Jahre des Elends, bis er seine geliebte Rapunzel wiederbekommt – und durch ihre Tränen auch sein Augenlicht.

Die Märchen, mit denen wir als Kinder aufgewachsen sind, könnten kein besseres Sinnbild dafür sein, wie das Leben läuft. Das Universum besteht aus Polaritäten. Wo Licht ist, gibt es Schatten. Auf Sonne folgt Regen. Das Leben und der Tod gehören zusammen wie Glück und Krisen. Diese jahrtausendealten Polaritäten sichern das Leben und schenken Balance. Sie helfen uns, die eigene Wahrnehmung zu schulen und dankbar zu sein für das, was wir haben. Gäbe es nur Sonne, vertrockneten alle Pflanzen und alles Leben. Ohne Sonne würde gleichzeitig nichts mehr wachsen.

Wer sich einmal diese notwendigen Gegensätzlichkeiten vor Augen geführt hat, kann eine Krise leichter als Phase annehmen und diese überwinden. Krisen werden uns immer wieder begegnen. Das können persönliche Krisen sein, das können Dinge sein, die das Überleben deiner Unternehmung auf den Prüfstand stellen. Gerade in der VUCA[29]-Welt, in der unvorhersehbare, komplexe und dynamische Rahmenbedingungen auf uns warten, werden Herausforderungen noch greifbarer. Neue (intelligente) Technologien werden entwickelt. Der internationale Konkurrenzdruck wächst und klassische Management-Modelle haben ausgedient. Der Wettbewerb um die Leistungsträger hat begonnen. Es reicht nicht mehr aus, nur die beste Technik, die meisten Finanzmittel und die erfahrensten Manager zu haben. Um erfolgreich zu sein, muss das Team funktionieren. Nun hast du allerdings in den vorangehenden Kapiteln bereits gelesen, dass du dein Umfeld nicht verändern kannst, sondern ausschließlich dich selbst. Wenn du und dein Unternehmen authentische und klare Leitlinien und Wertebilder leben, spielt der gemeinhin benannte Fachkräftemangel keine Rolle mehr. Unternehmen wie die Hotelkette Upstalsboom machen es vor. In einer Branche, die häufig als Paradebeispiel für den Fachkräftemangel herhalten muss, gibt es nur noch einen Sog. Für wenige Arbeitsplätze gibt es ein Vielfaches mehr an Bewerbern. Mitarbeitende wie Gäste werden automatisch zu Markenbotschaftern, ohne dass ein Vermögen in Marketingkonzepte investiert werden muss. Der vermeintliche Fachkräftemangel ist letztlich weniger ein Fachkräftemangel als eine Umverteilung von

---

[29] *VUCA ist ein Akronym für die englischen Begriffe volatility ‚Volatilität', uncertainty ‚Unsicherheit', complexity ‚Komplexität' und ambiguity ‚Mehrdeutigkeit'. Es beschreibt schwierige Rahmenbedingungen der Unternehmensführung.*

menschlichen Ressourcen. Die Umverteilung findet in einem Unternehmen statt, das gut mit seinen Mitarbeitenden umgeht, und saugt sie ab aus Bereichen, wo das nicht stattfindet. Das ist etwas, was die Unternehmen stark spüren. Krisen verstärken den Effekt. Unternehmen, die nicht mit der Zeit gehen, gehen mit der Zeit. Für manche scheint der Schmerzpunkt noch nicht groß genug zu sein. So bitter die Erkenntnis auch ist: Doch ein Fachkräftemangel ist ein hausgemachtes Problem und kann auch nur durch die Unternehmung selbst gelöst werden. Kümmere dich mehrdimensional um dein Personal und du wirst den Effekt messbar spüren. Unternehmer und Unternehmen, die diesem begegnen wollen, fangen jetzt an zu handeln. Wie geht das, magst du dich fragen. Wie kann ein Unternehmen den steigenden Herausforderungen des Alltags begegnen und zukunftsträchtig bleiben? Was kannst du als Schlüsselposition tun, um kurssicher durch eine Krise zu kommen?

Ein wichtiger Punkt ist die **Fähigkeit zur Resilienz**. Damit sind deine Regenerationskräfte gemeint. Wie schnell bin ich als Mensch in der Lage, mich zu erholen, mich nach Stresssituationen zu regulieren? Was kann ich dafür tun, um diese Regeneration aktiv herbeizuführen? Gerade in den aktuellen Zeiten, während einer weltweiten Pandemie, ist das Belastungsniveau, vor allem das mentale, ein sehr, sehr hohes. Unsicherheiten im Bereich der Existenzsicherung, der Versorgung der Familie, der eigenen Gesundheit – all das sind dauerhaft präsente Druckfelder, die von außen auf uns einwirken. Im Arbeitsumfeld sind wir mittlerweile lange nicht nur durch die Arbeit oder die Sorge um Mitarbeitende belastet, sondern auch durch unsere Umwelt, durch die Familie, durch uns selbst oder durch rechtliche Rahmenvorgaben. Auch hier braucht unser Körper wieder die Polaritäten. Du darfst aktiv zwischen Anspannung und Entspannung wechseln. Probiere doch einmal die nachfolgende Übung aus, um leichter zurück in die (mentale) Entspannung zu kommen:

Stress: Was ist das für mich?

Wie und wodurch entsteht Stress für mich?

Woran merke ich, dass ich in Stress gerate oder bereits gestresst bin?

Wie gelingt es mir, Stress gut zu begegnen?

Um Stress erkennen, bearbeiten und bewältigen zu können, empfehlen sich die folgenden Fragen als Leitfragen:

1. Schritt: Wie entsteht MEIN Stress?
Was können Auslöser sein?

2. Schritt: Wie zeigt sich das in MIR?

3. Schritt: Was daran ist das Belastende?
Was daran ist vermeidbar?
Was daran ist beeinflussbar?
Vorher/währenddessen/nachher?

4. Schritt: Welche Bewältigungsmöglichkeiten gibt es
für MEINE Schwierigkeiten/Probleme?

Wenn du magst, kannst du dir an dieser Stelle eine Liste von Dingen machen, die dir dabei helfen zu entspannen oder dich auf stressige Situationen und Krisenzeiten besser vorzubereiten. Dann gibt es auch Dinge, die du während des akuten Auftretens von Krisen machen kannst, und auch Dinge, die du als sogenannte Reha-Maßnahme durchführen könntest. Trage dir in der nachfolgenden Liste ein paar Dinge ein, die dir persönlich helfen. Diese Liste kannst du beliebig erweitern oder auch Dinge austauschen. Um dir den Einstieg in das Thema zu erleichtern, findest du von mir pro Spalte ein paar Beispiele.

Vorher	Mittendrin	Danach
Vorbereitung	Atmung	Nachbereitung
Rahmenbedingungen festlegen	Muskuläre An-/ Entspannung	Sport
Schlaf	Hilfe suchen	Reflexion

Generell gilt, dass du Krisen immer dann besser begegnen kannst, je frühzeitiger du dich mental darauf vorbereitet hast. Weiterhin hilft das Bewusstsein, dass solche Phasen immer wieder auftreten können und auch vorbeigehen.

Neben der Fähigkeit zur Resilienz ist der zweite wichtige Aspekt die **eigene Belastbarkeit**. In Zeiten von Unsicherheit ist Belastbarkeit eine Kerneigenschaft. Wie sehr bin ich in der Lage, diesem Druck, der da entsteht – und es ist ein immens hoher Druck –, standzuhalten? Wie schaffe ich es, dabei nicht krank zu werden (vor allem auch mental), sondern gesund zu bleiben? Viele Menschen neigen dazu, stetig über ihre Belastungsgrenze hinaus zu gehen und die Erholungsphasen immer weiter nach hinten zu verlegen oder gar ganz auszulassen. Das ist ein sehr gefährlicher Ansatz, der nicht selten in Burn-out, Depressionen oder anderen körperlichen Erkrankungen wie Herz-Kreislauf-Problemen münden kann. Wir sind nicht unsterblich und der Körper zollt unserem Handeln und Tun Tribut. Erst wenn wir verstanden haben, dass unser Körper unser Haus ist, können wir alle notwendigen Maßnahmen ergreifen, um dieses zu hegen und zu pflegen. Ein Investitionsrückstau bei unserem Körper kann tödlich enden. Denn ein gesunder Körper beherbergt einen gesunden Geist und andersherum. Das sind zwei sich bedingende Grundvoraussetzungen.

Flexibilität erleichtert dir die Krisenbegegnung ebenso. Wichtig ist, dass du dieses nicht nur als Leitsatz auf einer Tafel an der Wand stehen hast und abliest, sondern dich fragst: Wie sehr bin ich innerlich gewillt, mich immer wieder auf neue Situationen einzustellen? Wie sehr bin ich bereit, proaktiv mit dieser Krise umzugehen? Möchte ich mit Tatkraft voranschreiten oder warte ich, bis um mich herum alles erledigt wird? Bist du aktiv oder Opfer?

Und schlussendlich als dritter wesentlicher Aspekt hilft die **Lösungsorientierung**. Immer wieder wird eine Führungskraft mit Herausforderungen und Turbulenzen konfrontiert sein. Hierbei ist es wichtig, nach vorne zu schauen. Die Rückschau und Problembetrachtung sind an dieser Stelle nur bedingt sinnvoll. Wer immer nur mit Floskeln durchs Leben geht wie: „Das haben wir schon immer so gemacht“ oder „Das war noch nie anders“ beziehungsweise „Warum sollte das jetzt so funktionieren?“, läuft mit einem Brett vorm Kopf herum. So jemand möchte die Möglichkeiten, die eine Krise ebenso mitbringen kann, gar nicht sehen. Chancen zu sehen und sie sehenden Auges liegen zu lassen, ist unternehmerische Dummheit.

Um aus Krisen gestärkt hervorzugehen, darf der Blick weit offen und der Weg nach vorne gerichtet sein.

Vielleicht hast auch du manchmal das Gefühl, dass du im Leben von einer Krise in die nächste hineingerätst, ohne Pause. Das Leben scheint ein nicht enden wollender Marathon zu sein, den du ohne Vorbereitung läufst. Die Luft wird knapp und du weißt gar nicht mehr genau, wo das Ziel ist und wie du es je erreichen sollst. Du scheinst wie ein Hamster im Hamsterrad zu sein. Einen Ausweg gibt es nicht. Wenn du in einem solchen Gedankenkarussell feststeckst, solltest du dir schnellstmöglich Unterstützung suchen. Ein guter Coach kann dir Entlastungsmöglichkeiten an die Hand geben, die individuell und auf dich maßgeschneidert sind.

Der Nutzen von Meditation

Für mich persönlich spielt **Meditation** im Bereich der Resilienzerhaltung eine große Rolle. Lange Zeit wurde dieser Bereich als Esoterik abgetan. Es würde doch nichts bringen, man säße nur rum. Mittlerweile verstehen viele Führungskräfte, warum sie das praktizieren sollten. Denn jetzt brauchen sie es. Jetzt kommt es darauf an. Dinge, die vermeintlich esoterisch oder spirituell sind, bekommen nun eine andere Bedeutung zugewiesen. Ich selbst probiere Dinge gern aus, ehe ich mir eine Meinung darüber bilden kann (Bungeejumping und Fallschirmspringen ausgenommen).

Ich nutze Meditation ganz unterschiedlich, je nach Situation und vorhandenem Zeitfenster. Es gibt Phasen, da mache ich mir abends im Bett total gerne eine geführte Meditation, eine Hypnose oder einfach nur Entspannungsmusik an. Meditation ist sehr vielfältig und für jeden individuell. Für manch einen bedeutet sie, auf einer Yogamatte oder im Freien zu liegen und Meeresrauschen oder anderen Klängen zu lauschen. Für den Nächsten ist es Meditation, einfach nur mal irgendwo zu sitzen, zu stehen, zu liegen, möglichst ohne Geräusche, um einfach mal den eigenen Gedanken nachzuhängen. Andere erzielen mit Hypnosen den größtmöglichen Nutzen. Was für dich das Beste ist, ob und wie häufig du in die Ruhe kommst, das darfst du gerne allein herausfinden. Am Anfang war auch ich der ganzen Thematik gegenüber sehr skeptisch. Alles, was das Thema Spiritualität anging, war für mich früher wirklich ein rotes Tuch. Ich dachte gerade in der Anfangszeit häufiger: „Meine Güte, aus welcher Sekte kommen die Leute da rausgekrabbelt?" Über die Seminare, die ich besuchte, bin ich wiederholt mit diesen Themen in Berührung gekommen. Jedes Mal mehr wurde ich ein Stückchen offener. Letztlich blieb für mich nur die Erkenntnis, dass es mir hilft.

Das Schöne an Meditationen oder jeglichen Entspannungstechniken ist, dass du sie für dich ganz alleine machen kannst. Wir brauchen niemand anderem davon erzählen oder Rechenschaft ablegen, wann wir es tun oder wie häufig. Meditation ist auch völlig kostenfrei. Mittlerweile kenne ich ein paar Führungskräfte, die ihre Entspannungstechniken in der Mittagspause im eigenen Büro oder im Park nebenan ausüben. Bei manch einem haben sich inzwischen sogar ein paar Kollegen angeschlossen. Sie schenken sich diese Ruhe gegenseitig und genießen es miteinander.

Nachdem du nun erfahren hast, was du auf der persönlichen Ebene tun kannst, um krisensicherer zu werden, ist es an der Zeit zu klären, was die drei wichtigsten Schritte sind, um aus einer Krise herauszukommen.

Drei Schritte aus einer Krise

Der erste Schritt ist immer das Durchführen einer **Standortbestimmung**. Schauen wir nur mal auf die aktuelle Situation, dann kann ich an der Krise selbst nichts verändern. Ich kann die Existenz von Covid-19 nicht beeinflussen. Demnach liegt in meiner Macht nur die Akzeptanz: Ich darf die Rahmenumstände akzeptieren. So banal dieses „nur" klingt, so wichtig ist es. In dem Moment, in dem du dich innerlich mit der Situation arrangiert hast, dich vielleicht sogar damit angefreundet hast, gelingt dir der Blick nach vorne umso leichter. Gerne darfst du auch kurzzeitig den Kopf in den Sand stecken, womöglich die eine oder andere Krokodilsträne weinen, fluchen, schreien oder dir in den Bart murmeln, völlig egal. Das alles ist legitim, wichtig und richtig. Es fördert sogar den Verarbeitungsprozess. Denn um mit einer Situation umgehen zu können, die eine solche Tragweite mit sich bringt, musst du ins Fühlen kommen und Emotionen verarbeiten. Dann allerdings darf der zweite Schritt kommen: die **gezielte Aktion**.

Hier kannst du dir die Frage stellen: Okay, wenn ich die Situation nicht verändern kann, was genau kann ich denn verändern? Zum einen kann ich verändern, wie ich über die Situation denke. Zum anderen kann ich verändern, wie ich in meinem Unternehmen damit umgehe, welche Prozesse ich womöglich anpasse, wie ich mich eventuell neu ausrichten kann. Für viele Unternehmen erfolgte in den letzten Monaten die Umstellung ins Homeoffice per Eilverfahren. Mitunter musste eine komplette Infrastruktur aus dem Boden gestampft werden, um überhaupt arbeitsfähig zu bleiben. Was anfangs eine Not war, wurde zwischenzeitlich eine Tugend und zum erfolggekrönten Handeln.

Der dritte Punkt, und hier schließt sich der Kreis, ist wieder eine **Standortbestimmung**: Wie haben sich die getroffenen Maßnahmen ausgewirkt? Wie hat sich mein Denken auf mein aktuelles Tun, auf mein aktuelles Wahrnehmen ausgewirkt? Was hat davon gut funktioniert, was hat nicht gut geklappt? Um anschließend wieder zurückzukommen und zu gucken: Wo stehen wir jetzt? Im Endeffekt ist auch das ein Führungsprozess, wie es ihn bei der Bundeswehr gibt. Der Führungsprozess besteht aus vier einzelnen Elementen, die immer in der gleichen Reihenfolge ablaufen:

a) Lagefeststellung/Kontrolle

b) Entscheidungsfindung
(Auswertung des Auftrages, Beurteilung der Lage, Entschluss)

c) Planung

d) Befehlsgebung

Der Führungsprozess ist ein sich selbst in Gang bringender Prozess und stellt einen Kreislauf dar. Besonders der „Lagefeststellung/Kontrolle" ist hier eine wesentliche Bedeutung beizumessen. Denn sie findet in jedem Teilabschnitt – und somit regelmäßig – statt. Die Lagefeststellung ist gleichzeitig die Kontrolle der vorangegangenen Entscheidungen, Planungen und deren Umsetzung. Lagefeststellung und Kontrolle bilden als Gedanke und Prozess eine Einheit.

Wenn wir das einmal an einem Alltagsgeschehen festmachen, wirst du feststellen, dass alles im Leben ein Führungskreislauf ist, der für dich auch hervorragend auf das Krisenmanagement deiner Unternehmung adaptierbar ist.

Du kennst diese Situation sicher: Dein Magen knurrt, du hast Hunger. Beim Blick in den Kühlschrank stellst du fest, dass er leer ist. Der Blick in die übrigen Vorratsschränke lässt auch nichts Gutes vermuten. In den letzten Tagen und Wochen hast du all deine Vorräte aufgebraucht und es gibt nur noch etwas Reis, Ketchup und einen halben Becher Schmand im

Kühlschrank. Zum Sterben zu viel, zum Leben zu wenig. Für die erste Not hilft nur der Gang zur Pommesbude um die Ecke. Da das jedoch dein Problem des leeren Kühlschranks noch nicht löst, schreibst du dir nun eine Einkaufsliste: Brot, Eier, Milch, Nudeln, Obst, Gemüse ... Weil du weißt, dass du die Grundnahrungsmittel am besten bei dem Discounter um die Ecke bekommst, fährst du dorthin. Dein Partner oder deine Partnerin kommt auf dem Rückweg von der Arbeit bei einem größeren Supermarkt vorbei, und hier erhältst du das Obst und Gemüse sowie noch ein paar andere Kleinigkeiten, die du so liebst. Also bittest du ihn oder sie, diese später mitzubringen. Während ihr nun zusammen die Vorratsschränke auffüllt und den Kühlschrank einräumt, stellt ihr fest, dass ihr die Eier vergessen habt. Diese müsst ihr dann wohl morgen noch besorgen.

An diesem sehr simplen Beispiel einer Problemlösung, die sich ohne Weiteres auf größere Herausforderungen übertragen lässt, kannst du sehen, dass dir diese Art der Krisenbewältigung viel Zeit und Kraft sparen kann.

Zeiten wie diese sind für mich auch immer wieder wie eine Kompassnadel. Es ist meine Form der Standortbestimmung. In einer Zeit, in der ich eigentlich dachte, schon sehr gut innerlich bei mir selbst angekommen zu sein, stelle ich fest, wie sehr äußere Umstände dafür sorgen können, dass das Gerüst etwas wackelt. Es ist weit weg davon einzustürzen, doch es wird fleißig daran gerüttelt. Ich darf wachsam und achtsam bleiben, wo ich gerade selbst im Leben stehe. Was genau sorgt gerade dafür, dass es so ist, wie es ist, und was genau macht das mit mir? Diese Fragen helfen mir, das Fundament meines Hauses wieder aufzugießen, falls doch mal ein Riss hineingekommen ist.

*„Der Schlüssel zum Wandel liegt darin,
all seine Energie zu fokussieren,
nicht darauf, das Alte zu bekämpfen,
sondern darauf, Neues zu erschaffen."
(Sokrates)*

Der Tanz auf dem Vulkan: Homeoffice und Digitalisierung meistern

Spannende Zeiten, in denen wir uns derzeit bewegen. Aus manchen Ecken höre ich, dass früher alles anders und natürlich besser war. Die Gegenseite parliert, dass man zum alten Eisen gehöre und endlich in der Wirklichkeit ankommen solle. Wie so häufig im Leben liegt die Wahrheit vermutlich in der Mitte. Richtig bleibt allerdings, dass Entwicklungen wie die Digitalisierung und aktuell das Homeoffice nicht aufzuhalten sind und auch Führungskräfte vor ganz neue Herausforderungen stellen.

Wenn ich Mitarbeitende ins Homeoffice schicke, gehört im ersten Schritt beispielsweise dazu, dass ich mir als Führungskraft darüber Gedanken mache, ob derjenige überhaupt dafür geeignet ist beziehungsweise wie die Person das selbst sieht. Was bedeutet für meinen Mitarbeitenden die Arbeit im Homeoffice?

Aktuell wird so viel über das Thema gesprochen und geschrieben, dass man mittlerweile mit Posts, Artikeln oder Tipps vermutlich die Schweine füttern kann. Fakt ist, auch nach der Corona-Krise wird das Arbeiten von zu Hause einen ganz anderen Stellenwert haben als vorher. Im Gegensatz zu den aktuell laufenden Hau-Ruck-Guerilla-Homeoffice-

Aktionen muss das Thema aber nachhaltig und gut geregelt werden. Alle Aspekte zum juristischen Rahmen, die technischen Voraussetzungen etc. kannst du bereits an vielen Stellen nachlesen, daher betrachten wir das Ganze hier einmal von der Seite der Mitarbeiterführung: Wie gehst du damit um, dass nicht alle Mitarbeitenden für das Arbeiten zu Hause geeignet sind?

Die Gründe hierfür können eine hohe Ablenkung (zum Beispiel durch kleine Kinder) sein, verbunden mit einer hohen Bereitschaft, sich ablenken zu lassen. Gleichzeitig können mangelnde Sozialkontakte zu einem Einsamkeitsgefühl führen, und es könnte sein, dass deine Mitarbeitenden infolgedessen viel mit Kolleg/innen telefonieren anstatt zu arbeiten. Auch kann eine mangelnde Fokussierung oder fehlende Selbstdisziplin in Ablenkungsmanövern, zum Beispiel durch Internet-Surfen, Fernsehen oder andere Dinge, resultieren.

Diese Mitarbeitenden kannst du in drei Gruppen einteilen:

1. Die Mitarbeitenden sind sich dessen bewusst und wollen auch gar kein Homeoffice.
2. Die Mitarbeitenden sind sich dessen bewusst und wollen aber dennoch ein Homeoffice, um beispielsweise Beruf und Familie besser unter einen Hut zu bekommen oder um Fahrtzeiten zu sparen etc.
3. Den Mitarbeitenden ist dies nicht bewusst und sie wollen gerne im Homeoffice arbeiten.

So sehr es auf der Hand liegt, spreche ich es an dieser Stelle doch noch einmal aus: Die erste Gruppe ist relativ einfach zu handeln. Diese Mitarbeitenden machen einfach kein Homeoffice. Bei der zweiten Gruppe ist Hopfen und Malz noch nicht ganz verloren und es gibt einige Ansatzpunkte, wie du damit umgehen kannst. Um hier für dich saubere Anknüpfungspunkte zu erhalten, solltest du zunächst die folgenden Rahmenbedingungen definieren.

Rahmenbedingungen für erfolgreiches Homeoffice

- Sprich mit den Mitarbeitenden dieser Gruppe Erreichbarkeitszeiten mit definierten Antwortzeiten ab.
- Definiere außerdem klare Arbeitsaufträge mit zu erwartenden Aufwänden und Abgabezeitpunkten.
- Achte hierbei darauf, dass du nicht mehrere Arbeitsaufträge für eine ganze Woche mit dem Abgabezeitpunkt Freitag definierst, sondern idealerweise ein tägliches Ziel, das erreicht werden muss.
- Alternativ kannst du auch gemeinsam mit deinem Mitarbeitenden die Ziele besprechen, die erreicht werden müssen. Der oder die Angestellte kann sich hier den eigenen Weg selbst wählen und erhält von dir ein höheres Maß an Freiheit.
- Erinnere dich an dieser Stelle gerne an das Vertrauen, über das wir in diesem Buch schon mehrfach gesprochen haben.
- In gemeinsamer Abstimmung bestimmst du nun auch mit ihm oder ihr die Zeitfenster für die Zwischenberichte. Ist sich dein Mitarbeitender seiner Schwäche bewusst, wird er oder sie diese Regelungen als Hilfestellung empfinden.

Anders ist es bei der dritten Gruppe. Hier werden derartige Regelungen gegebenenfalls als Gängelung oder unangebrachte Kontrolle empfunden. Daher ist es hier für dich umso wichtiger, beim Mitarbeitenden erst mal das Selbstbild bezüglich der Homeoffice-Eignung zu justieren. Der Schlüssel zum Erfolg ist hierbei das gemeinsame Auftaktgespräch. Da jeder Mitarbeitende unterschiedliche Arbeitsgeschwindigkeiten hat, ist die reine Fixierung auf die Ableistung der Wochenarbeitszeit wenig sinnvoll. Unterschiedliche Arbeitstempi gilt es zwingend zu berücksichtigen. Gibst du als Führungskraft deinen Mitarbeitenden dann auch noch den Weg vor, nimmst du ihnen alle Verantwortung und Mündigkeit. Dass dein Mitarbeitender alles daran setzen wird dir zu beweisen, dass der ihm vorgegebene Weg nicht funktioniert, ist häufig die logische Konsequenz. Mitarbeitende wollen gefragt werden. Sie wollen sich beteiligen und ein Mitspracherecht haben. Warum fragst du sie dann also nicht einfach?

Folgende Fragestellungen können wichtige Anhaltspunkte zum Arbeiten im Homeoffice sein: Was genau verstehen Sie unter Homeoffice? Wie stellen Sie sich die Einteilung der Arbeitszeit vor? Zu welchen Zeiten sind Sie verbindlich immer zu erreichen? Welche Zeitfenster zur Abstimmung der Aufgaben halten Sie für sinnvoll? Was wünschen Sie sich von mir als Ihre Führungskraft? Welche Fragen ergeben sich für Sie aus der Homeoffice-Option?

Diese Fragen kannst du beliebig erweitern und auf deine Themenbereiche adaptieren. Wichtig hierbei ist, dass du stets mit offenen Fragen (sogenannten W-Fragen) arbeitest. Aktives Zuhören schließt anschließend letzte Verständnislücken. Die größte Herausforderung liegt hierbei in deinen Händen. Denn du darfst hier zunächst sehr viel zuhören. Häufig wirst du erstaunt sein, welche Lösungen dir deine Mitarbeitenden von sich aus schon anbieten werden, wenn sie gefragt werden.

Wichtig ist, dass alle Mitarbeitenden, die ein Homeoffice haben wollen (und es auch von den anderen Rahmenbedingungen her möglich ist), einen Vertrauensvorschuss und somit die Möglichkeit zum Arbeiten von zu Hause aus erhalten. Gleichzeitig ist es aber ebenso wichtig, in einer Regelung zu vereinbaren, dass die Homeoffice-Möglichkeit bei offensichtlicher Nichteignung oder bei Missbrauch wieder entzogen werden kann. Jede Beziehung funktioniert als ein Geschenk in beide Richtungen. Beide Seiten geben gleichermaßen. Wenn du nun herausfinden möchtest, ob und welche Indikatoren für eine Nichteignung vorliegen könnten, schaue dir gerne einmal das Folgende an:

Der oder die Mitarbeitende ist wiederholt nicht erreichbar beziehungsweise gibt er oder sie dir nicht die zugesagten Rückmeldungen. Auch vereinbarte Arbeitsergebnisse werden nicht oder nicht zum vereinbarten Zeitpunkt geliefert. Für dich als Führungskraft kann der Themenbereich der Arbeitszeitgesetze damit ein heikler sein. Dein Mitarbeitender hält sich nicht an diese, auch die Abstimmung unter den Mitarbeitenden funktioniert nicht mehr und andere Kollegen werden in ihrer Arbeitsleistung durch beispielsweise fehlende Zuarbeit behindert.

Die Möglichkeit, deinem Mitarbeitenden das Homeoffice wieder zu entziehen, ist extrem wichtig, um situativ führen zu können. Gibt es diese Möglichkeit nicht, besteht die Gefahr, dass eine komplette Homeoffice-Regelung für alle wieder rückgängig gemacht wird, nur weil sich ein paar nicht an die Regeln halten. Viele Mitarbeitende müssen somit für das Fehlverhalten einiger weniger büßen. Eine Kollektivbestrafung gibt es selbst bei der Bundeswehr offiziell schon lange nicht mehr.

Was heißt das jetzt summa summarum für dich? Grundsätzlich sollen alle Mitarbeitenden mit Homeoffice-tauglichen Rahmenbedingungen auch Homeoffice machen dürfen. Du darfst dir aber bewusst sein, dass nicht jeder Mitarbeitende dafür befähigt ist. Diese Mitarbeitenden gehören durch geeignete Maßnahmen unterstützt, um die vereinbarten Ergebnisse erarbeiten zu können. Klappt dies nachhaltig nicht, sollte es für dich die Möglichkeit geben, ein Homeoffice auch wieder entziehen zu können[30].

Ein Fußballspiel ohne Spielregeln ist schon von Beginn an zum Scheitern verurteilt. Mache dir das zunutze und vereinbare von vornherein feste Spielregeln und einen Rahmen für das Homeoffice. Hierauf können sich anschließend alle Beteiligten immer wieder berufen.

---

[30] *In Zusammenarbeit mit Guido Zander – SSZ Beratung.*

Auch die Kommunikation ändert sich – oder doch nicht?

Homeoffice und Digitalisierung beeinflussen meinen Führungsstil und mein Führungsverhalten also nur dann, wenn ich in den letzten Jahren geschlafen habe. Spätestens jetzt werden beide dafür sorgen, dass ich noch individueller auf meinen einzelnen Mitarbeitenden eingehe, weil ich ihn oder sie einfach viel weniger live und in Farbe die ganze Zeit an meiner Seite habe. Wenn du bereits in den letzten Jahren erkannt hast, dass du Menschen und keine Personalnummern beschäftigst, hast du einen großen Wettbewerbsvorteil. In dem Zusammenhang verrate ich dir ein Geheimnis:

Die Kommunikation unterliegt nur einer geringen Veränderung.

Durch die örtliche Verteilung und den Einsatz verschiedener Medien verändern sich höchstens die Mittel, über die wir kommunizieren, nicht jedoch unsere Kommunikation selbst. Denn die Kommunikation zwischen Mitarbeitenden und Führungskraft kann online wie offline gut stattfinden. Die IT-Branche ist hier in meinen Augen ein großer Vorreiter. Die Führungskraft und ihr Team oder die Teammitglieder untereinander kommunizieren über Tools wie Teams, Zoom, Slack, Google Meet oder Ähnliches. Die Abstimmung findet nach wie vor statt und mitunter auch sehr viel ausgewogener als noch zu reinen Bürozeiten. Wenngleich das natürlich auch eine Typfrage ist. Auch das gute alte Telefon hat noch lange nicht ausgedient. Du siehst: Letztlich verändert sich immer nur das Kommunikationsmittel, nicht die Kommunikation selbst.

Zeitmodelle kreativ gestalten

Wenn wir über Homeoffice sprechen oder über neue Arbeitszeitmodelle, geht es häufig um eine Verbesserung deiner Zeitqualitäten für die Dinge im Leben, die dir wichtig sind. In der Öffentlichkeit wird das gerne unter dem Begriff Work-Life-Balance subsummiert. Nun könntest du vermuten, dass es deine Aufgabe als Führungskraft ist, hier Abhilfe zu schaffen. An der Stelle kann ich dir eine gute oder eine schlechte Nachricht unterbreiten. Was davon auf dich zutrifft, darfst du dir gerne selbst beantworten. Ich spreche mich gegen eine Work-Life-Balance aus und glaube auch nicht, dass es eine klassische Work-Life-Balance in diesem Sinne braucht, wie sie allgemeinhin darunter verstanden wird. In meinen Augen ist eine Work-Life-Balance Humbug, da sie suggeriert, dass du dein Leben zwischen Arbeit und Privatleben aufteilen musst, ohne die Balance dir Schaden zufügst und nicht glücklich sein kannst. Doch wie soll das Leben nun weitergehen? Totarbeiten? Nur noch mit dem Sangriaglas im Garten liegen? Falsch! Es geht einzig und allein um Fokus. Sieh die Zeit nicht als ein Tauschmodell, sondern etwas, was sich gegenseitig nährt und unterstützt. Und wenn du dann Zeit bei der Arbeit oder mit der Familie verbringst, dann fokussiere dich in den jeweiligen Zeitfenstern zu 100 Prozent auf das, was du gerade tust, und erlaube dir 0,0 Prozent Störungen – kein Handy, keine Rückfragen der Familie oder Firma. Diese Zeitfenster sind exklusiv. Wenn eine Führungskraft zum Beispiel im Homeoffice ist, ist es irrelevant, ob dabei parallel Kinder mit betreut werden oder wie die Tagesgestaltung aussieht. Wichtig ist, worauf man sich genau in dieser Zeit fokussiert. Und wenn ich beispielsweise jemand bin, der gerne vormittags von acht bis zwölf arbeitet, dann fokussiere ich mich in diesen vier Stunden genau auf das, was ich tun möchte: auf die Arbeit. Die Mittagszeit und die Nachmittagszeit möchte ich vielleicht mit meiner Familie verbringen und dafür lieber abends noch mal an den Rechner gehen. Das ist okay, dann bin ich genau in der Situation immer bei den Aufgaben, die wichtig sind: Sprich, vormittags und abends bei der Arbeit und mittags und nachmittags bin ich zu 100 Prozent für meine Familie da. Ich bin also „all in“ für das, was ich tue. Auch wenn ich zur Familienzeit telefonisch nicht für die Firma erreichbar bin. Wenn ich dann abends wieder arbeiten gehe, bin ich auch wieder „all in“ bei meinen Aufgaben. Die Zeitfenster kann jeder für sich so einteilen, wie es für ihn von Vorteil ist. Das sollte natürlich in Abstimmung mit einem Vorgesetzten passieren. Gehe gedanklich gerne weg vom Tauschmodell und sieh es als eine „Beziehung Plus“ an. Du führst mehrere Beziehungen im Leben und hier sogar gleichzeitig: Du führst eine Beziehung mit dir selbst, mit deinem Partner oder deiner Partnerin plus der Familie und auch mit deiner Arbeit. Der Vorteil einer Beziehung liegt darin, dass sie auf Freiwilligkeit beruht. Am Ende sorgt also diese Freiwilligkeit für viel Eigenverantwortung und Selbst- und Zeitmanagement. Eigentlich ganz einfach, oder?

Der Tanz auf dem Vulkan

Selbstverständlich kann das am Anfang ein nur schwer zu erklimmender Berg sein, sich manchmal auch wie ein Tanz auf dem Vulkan anfühlen. Ich habe bei mir selbst die Erfahrung gesammelt, dass Nachgiebigkeit mit mir selbst ein nicht zu unterschätzender Faktor zum Glück ist. Lange Zeit legte ich an mich selbst einen unfassbar hohen Perfektionismus an den Tag. Das fing damit an, dass bei mir alle Gläser der gleichen Form oder Größe im Schrank in einer Reihe stehen oder dass Dinge geordnet sein müssen. Früher saß ich beispielsweise am Schreibtisch und selbst während ich arbeitete, lag alles ganz akkurat angeordnet. Kein Staubkrümel war zu sehen. Heute sieht das anders aus. An manchen Tagen gleicht mein Schreibtisch einem Schlachtfeld. Früher wurde eine Aufgabe nach der anderen abgearbeitet. Struktur und Kontrolle bestimmten mein Leben. Wenn ich heute Aufgaben nachgehe, dann gehe ich zehn Minuten der einen Aufgabe nach, dann denke ich noch mal fünf Minuten über etwas anderes nach, mache noch mal drei Minuten des nächsten Themas, bevor ich dann wieder zurück zur ursprünglichen Aufgabe komme. Und soll ich dir etwas sagen: Für mich ist das völlig in Ordnung so. Ich komme dennoch oder mittlerweile vielleicht gerade deshalb zu hervorragenden Ergebnissen. Es interessiert niemanden, wie ich meine Arbeit erledige. Als Selbstständige bin ich inzwischen auch nur noch mir selbst gegenüber verpflichtet. Doch unabhängig meiner Verpflichtungen wem oder was gegenüber, bin ich inzwischen sehr viel nachgiebiger mit mir.

Gerade wenn ich in Erinnerungen über vergangene Zeiten schwelge, könnte ich mir das ein oder andere Mal mit der Hand vor den Kopf hauen. Denn heutzutage würde ich manchmal Dinge einfach erst mal machen, auch wenn ich im Vorhinein vielleicht denke, dass ich keine Lust darauf habe. An ein Beispiel, das im Nachhinein sehr prägend für mich war, erinnere ich mich immer wieder. Es ist im wahrsten Sinne des Wortes mein Mahnmal. Mit Anfang 20 habe ich mich bei manchen Events, auf die ich keine Lust hatte, quergestellt. Ich habe sie nicht mitgemacht. Mit meinem damaligen Hörsaal machten wir im Rahmen der politischen Bildung einen Ausflug nach Laboe zum Marine-Ehrenmal, ein für die Marine sehr wichtiges Mahnmal. Damals dachte ich, dass ich das Ehrenmal schon ein paarmal gesehen hätte. Für mich fühlte sich eine erneute Besichtigung wie die vierte Wiederholungsschleife an. Darauf hatte ich keine Lust. Während also 23 Männer und Frauen gemeinsam das Ehrenmal besichtigten und als Gruppe dieses erlebten, setzte ich mich alleine ins Café und trank einen Cappuccino. Im Nachhinein denke ich mir natürlich, wie dumm das von mir war. Es ging damals nicht darum, ob ich das Ehrenmal zum vierten Mal sehe oder zum ersten Mal. Es ging darum, Dinge auch einfach mal zusammen zu machen, zu gucken, wie sich das anfühlt. Während ich mir selbst bis vor einigen Jahren Vorwürfe zu meinem damaligen Verhalten machte, kann ich heute entspannter und nachgiebiger mit mir sein. Ich weiß inzwischen, dass nicht alle von mir getroffenen Entscheidungen gut waren. Da sie jedoch in der Vergangenheit liegen, kann ich sie nicht verändern. Hingegen kann ich meine Zukunft achtsamer und wohlwollender gestalten.

Anstelle dir nun zu überlegen, wie du dem Homeoffice und der Digitalisierung ein Schnippchen schlägst und alle Kraft darauf verwendest zu überlegen, wie du den Prozess für dich und deine Unternehmung hinauszögerst, könntest du dir andererseits auch die Frage stellen, welch großer Gewinn sich darin für dich verbirgt und wie du ihn schnellstmöglich erreichen kannst.

*„Ein Team ist mehr
als die Summe seiner Mitglieder."*
(Elmar Teutsch)

Diversity: Ich bin anders. Du bist anders.

Betrachten wir Diversity auf Ebene der Unternehmensführung, ergeben sich wichtige Aspekte für uns als Führungskraft. Diversity soll die Gesamtheit der Maßnahmen darstellen, die dazu führen, dass Unterschiedlichkeiten in und von einer Organisation anerkannt, wertgeschätzt und als positive Beiträge zum Erfolg genutzt werden. Es geht darum, zu erkennen, dass Unterschiedlichkeit nicht zwangsläufig einen trennenden Charakter haben muss, sondern in der richtigen Zusammenstellung ein Unternehmen vorantreiben kann und der Erfolg gesteigert wird. Dabei geht es nicht um die ursprünglichen Themenbereiche wie Geschlecht oder Ethnizität, vielmehr werden heutzutage alle wunderbaren Andersartigkeiten mit einbezogen.

Was heißt das für dich als Führungskraft?

So selbstverständlich dieses auf der einen Seite scheint, so wenig wird es heutzutage immer noch praktiziert. Dieses Phänomen ist nicht nur in Kleinbetrieben, sondern auch in größeren mittelständischen Unternehmen und Konzernen zu finden. Erst nach und nach entdecken Unternehmen die Chancen und Möglichkeiten, die Diversität für ihr Unternehmen bieten kann. Hinterfragen darfst du dabei gerne selbst, wie sehr sich auch hierbei offiziell einem Diversity Management verschrieben wird und wie hoch am Ende die innerbetriebliche Umsetzung stattfindet. Möglicherweise sind offizielle Kontrollorgane wie ein Betriebsrat beispielsweise sogar eher diversitätsfördernd als in Betrieben, wo es diese nicht gibt. Womöglich erkennst du auch eine gewisse Gemeinsamkeit zum Vorhandensein von Leitbildern und deren innerbetrieblicher Auslegung.

Einfach formuliert bedeutet Diversität: multikulti. Diversität fängt zum einen natürlich bei den Geschlechtern an und geht weiter mit Alter am Arbeitsplatz. Wie im Kapitel „Leader on your Ship“ bereits betrachtet, ist es sehr wertvoll, wenn Jung und Alt gemeinsam arbeiten. Der Effekt – der Wisseneffekt sowie der menschliche Effekt – ist so viel höher und greifbarer, wenn du unterschiedliche Generationen am Arbeitsplatz mischst.

Diversität geht mit unterschiedlichen Kulturen weiter. Alleine bei meinen Reisen in die verschiedenen Länder bin ich auf so viele verschiedene Einflüsse gestoßen und habe so viel für mich mitnehmen können, dass ich das als ebenso wertvoll empfinde. Meine Reisen haben mich von vielen Vorurteilen befreit und mir andererseits Dinge und Sichtweisen beigebracht, auf die ich nie mehr verzichten möchte. Engstirnigkeit überträgt sich dagegen leicht auch auf andere Arbeitsbereiche. Auch die Einbindung von Inklusion stellt für viele Unternehmen eine große Herausforderung dar.

Selbst das Aussehen und die Haarfarbe müssen in einem Gesamtkonstrukt betrachtet werden. Wer hat welche Aufgaben? Ich nehme an dieser Stelle gerne das Beispiel von der Reeperbahn. Um es nah an meinen eigenen Erfahrungen zu halten, ergänzen wir die Reeperbahn noch um den Bereich der Uniformträger. Wenn ich eine blonde, langhaarige Polizistin mit offenen Haaren auf der Reeperbahn vor mir gehen sehe, dann ist die naheliegendste Assoziation nicht immer die einer „echten" Polizistin. Also sprich: Passt das Auftreten, das Äußere, auch zu dem, was ich gerne verkörpern möchte? Auch das ist Diversität.

Bei all den unterschiedlichen Individuen, die dir am Arbeitsplatz begegnen können, ist eine Sache am Ende immer gleich. Es sind immer Menschen. Das ist wie bei einer Packung von Dickmanns Schokostrolchen. Manche sind in Zartbitterschokolade gehüllt, andere in Vollmilchschokolade, und ich persönlich mag die in weißer Schokolade am liebsten. Wenn du hineinbeißt, wirst du gleichzeitig feststellen, dass innen alle gleich sind. Während du dir also möglicherweise noch den Kopf darüber zerbrichst, wie du allen gleich gerecht werden kannst, darfst du dich hierbei des gleichen Tricks bedienen wie sonst auch:

Suche das Gespräch mit deinem Mitarbeitenden und du wirst den Schlüssel zu echtem Leadership in den Händen halten.

Während du nun noch überlegst, in welcher Farbzusammensetzung (natürlich im übertragenen Sinne gemeint) du deine Schokostrolche das nächste Mal stellvertretend für deine Teammitglieder zusammensetzt, erlaube dir auch gerne ein paar Apfelringe oder Cracker mit hineinzutun. Denn die größte Herausforderung in der Zusammenstellung von Teams ist, bewusst eine Diversität zu erreichen. Im ersten Schritt mag das für dich als Führungskraft angenehm sein, wenn in einem Team möglichst viele Mitarbeitenden gesammelt sind, die eine ähnliche Meinung vertreten wie du selbst. Das ist allerdings für eine Lösungsfindung beziehungsweise auch für eine Ideenfindung oder für die Prozessentwicklung ein Hemmnis. Denn wenn viele gleiche Menschen oder wenn viele Menschen, die ähnlich und gleich denken, in einer Gruppe zusammen sind, dann wird eine Entwicklung immer sehr eingefahren sein und eindimensionale Züge bekommen.

Wenn ich also ein Team zusammenstelle, achte ich darauf, verschiedene Charakterzüge, verschiedene Denkmuster und natürlich auch verschiedene Altersgruppen mit einzubinden. Dann haben wir in einem Team zunächst viele Männer und Frauen oder Diverse. Diese sind dann sowohl Mitte zwanzig als auch bis Anfang sechzig. Wir haben die sehr stark intuitiven, gefühlsbetonten Menschen dabei und gleichzeitig auch die sehr zahlen-, daten-, faktenorientierten Controller beispielsweise. Also gerade die Durchmischung durch die unterschiedlichen Arten und Weisen, wie Menschen ihre Entscheidungen treffen und Prozesse durchführen, ist nachher der Schlüssel zum Erfolg, um ein bestmögliches Ergebnis zu finden.

Frauen in Führungspositionen

Wenn wir von Diversität sprechen, spielen auch Frauen in Führungspositionen eine Rolle. In Deutschland haben wir hierzu eine enge Assoziation zur Frauenquote. Dass Frauen auch Führungspositionen besetzen sollen, ist unstrittig. Weibliche Führungskräfte sind ein Gewinn für jede Unternehmung. Ob uns eine Frauenquote dabei hilft, Frauen in Führungspositionen zu bringen, wage ich zu bezweifeln. Ich glaube, dass hier ein anderer Ansatz sehr viel sinnvoller ist. Denn eine Frauenquote bedeutet in meinen Augen auch zumindest in der Anfangszeit eine Benachteiligung für die Frauen. In einigen Köpfen ist häufig zunächst einmal der Gedanke verankert, dass „sie" den Job nur bekommen hat, weil eine Frau den Job erhalten musste. Und für die Frau mag das ebenfalls eine schwierige Position sein, weil sie nämlich erst mal genau gegen diese inneren Widerstände arbeiten muss und sich häufig sehr viel stärker dadurch beweisen muss.

Ein möglicher Ansatz, um allein dieser Problematik aus dem Weg zu gehen, wäre eine Umstellung des Bewerbungssystems. Was das angeht, wählen die Amerikaner einen intelligenten Weg. Es wäre durchaus möglich, ein Bewerbungsverfahren zu implementieren, was zum einen schon das Bewerbungsfoto oder den Vornamen weglässt oder das Vorname-Nachname-Dilemma durch eine Initialienlösung behebt. Damit kann ich nicht mehr unterscheiden, ob sich beispielsweise ein Mann oder eine Frau hinter den Unterlagen verbirgt. Damit wäre zumindest diese erste Hemmschwelle schon einmal gebrochen. Das weitere Bewerbungsverfahren ließe sich anschließend durch Workshops abgestimmt mit den Profis aus allen Fachabteilungen erstellen. Rotierend aus allen Abteilungen könnte nun ein Beisitzer den Auswahlgesprächen beiwohnen. Möglichkeiten gibt es viele.

Am Ende bleibt es immer eine Frage des Wollens.

Um dieses Wollen zu fördern, braucht es in den Unternehmen noch vielfach einen Kulturwandel. Unabhängig davon, mit welcher Person ich eine Stelle besetze, gibt es eine Grundregel: Wenn ich Dinge einfach nur umsetze und sie anderen gemäß der Taktik „Friss oder stirb" vor die Nase setze, wird es schwierig. Wenn Menschen nicht gefragt werden und in welcher Form auch immer beteiligt werden, werden sie zunächst alles in ihrer Macht Stehende tun, um zu beweisen, dass das so nicht funktioniert. Der Kulturwandel oder auch Change-Prozess gehört von allen Mitarbeitenden mitgetragen. Dieses kann durch ein komplett begleitetes Programm, das verschiedene Seminare und Einzelcoachings beinhalten kann, inklusive eines Stellenaufbaus oder einer Mitarbeiterbeteiligung begleitet werden.

Die Nachhaltigkeit der Maßnahmen und Beteiligung aller ist das Ziel. Es dürfen sehr gerne sehr viel mehr Frauen in Führungspositionen hineingehen. Und es dürfen gerne auch viel mehr Frauen in den wichtigen Abteilungen besetzt sein. Der Ansatz einer Kulturentwicklung ist hierbei das Mittel der Wahl.

Da doch das Team mehr als die Summe seiner Mitglieder ist, fängt es am Ende wieder bei jedem selbst an. Wer bin ich? Wer möchte ich sein? Welche Rolle nehme ich im Gesamtsystem ein? Gefällt mir diese Rolle? Wenn wir anfangen, Diversität als ein Integrationsprojekt zu sehen, das von uns einen langen Atem und Offenheit verlangt, dann kann es gelingen. Es ist kein kurzfristig anzusiedelnder Prozess und es bedarf stetiger Überprüfung und Verbesserung bestehender Strukturen und ein stetiges Hinterfragen individueller Ansichten und Einstellungen. Wenn wir dem mit einem Lächeln im Gesicht und mehr Leichtigkeit begegnen, gewinnen wir am Ende alle.

Feenfrage: Wie wäre das, wenn eine schöne blonde Frau zu dir kommen würde und dir sagt, du hast drei Wünsche frei? Was würdest du dir in Bezug auf das Thema für deine Unternehmung wünschen? Vielleicht hast du mit der Antwort auf diese Frage einen Schritt gefunden, den du gerne als Nächstes gehen möchtest.

Denn du weißt ja: Es beginnt mit dir.

„Wer als Werkzeug nur einen Hammer hat,
sieht in jedem Problem einen Nagel.“
(Paul Watzlawick)

Toolkit

In diesem Kapitel gebe ich dir noch einmal im Überblick alle Tricks und Kniffe an die Hand, mit denen du deinen Führungsalltag leichter bewältigen kannst. Vielleicht begegnen dir häufiger Situationen, bei denen dein Bauchgefühl schon ein guter Berater ist, doch du möchtest dich noch besser vorbereitet fühlen. Je mehr Tools wir zur Verfügung haben, umso leichter wird unser Alltag. Es ist vergleichbar mit einem guten Fahrrad: Eine Gangschaltung mit 21 Gängen schafft auch mehr Möglichkeiten als eine mit nur drei Gängen. Mit den folgenden Hilfestellungen kannst du dir selbst und deinem Gegenüber in allen erdenklichen Situationen Erleichterung verschaffen. Markiere dir dieses Kapitel mit einem Post-it, damit du jederzeit schnell darauf zugreifen kannst, wenn mal Not am Mann oder an der Frau ist. Die freien Seiten am Ende dieses Kapitels sind dazu da, dass du deine eigenen Lieblingstools ergänzen kannst, die sich schon für dich bewährt haben. Ich selbst führe ein solches individuelles Toolkit für mich und unterscheide es in Themengruppen, wie zum Beispiel Führung, Kommunikation, Selbstwert, Genderfragen, Stress, Gesundheit. Spiele frei mit deinem Toolkit, bis es perfekt für dich passt.

Tool 1: Kläre dein eigenes Werte-System

Dies ist ein Tool aus der Themengruppe „Persönliches“. Bereits in den ersten Kapiteln habe ich dir etwas über Werte und Prinzipien erzählt. Du hast erfahren, welch großen Einfluss diese auf dein Leben haben. In der Vergangenheit warst du dir dessen womöglich noch nicht bewusst. Nun, nachdem du dieses Buch gelesen hast, kannst du sie aktiv in dein Leben einbinden und jede deiner Entscheidungen mit deinem Wertesystem abgleichen. Stelle dir daher grundlegend die Frage: Was sind die Dinge, die mir wichtig sind? Privat, beruflich? Gibt es Schnittmengen? Gibt es Unterschiede? Welche meiner Werte kann ich wo und wie leben? Sollte es viele Abweichungen geben, darfst du Anpassungen vornehmen, um wieder im Einklang mit deinem Wertesystem zu sein.

Tool 2: Finde dein Stress-Ventil

Stress-Ventile sind für jeden Menschen wichtig, nicht nur in der Führungsrolle. Suche dein persönliches Stress-Ventil, das dir dabei hilft, abzuschalten, egal, wie stürmisch die See um dich herum gerade ist. Frage dich: Was hilft mir, um runterkommen zu können und mental Entlastung zu erfahren? Für den einen ist es Meditation. Für den Nächsten ist es das Lesen eines guten Buches. Und für den Übernächsten ist es der Zwei-Stunden-Lauf. Was du tust, ist völlig egal. Jeder kann für sich einen Punkt finden, der ihm oder ihr maximale Entlastung gibt. Ein Notfallschalter, auf den du von überall zugreifen kannst. Wenn beispielsweise das Joggen dein Notfall-Ventil ist, dann solltest du auch bei Dienstreisen immer die Laufschuhe im Gepäck dabeihaben. Wenn für dich bestimmte Entspannungsmeditationen dein Notfall-Ventil sind, dann hast du diese optimalerweise auf deinem Smartphone dabei und kannst dir jederzeit und überall das Headset in die Ohren stöpseln und innerlich abschalten. Je schnelllebiger unsere Zeit ist, desto eher braucht jeder von uns eine Exit-Strategie. Und sei es nur für ein paar Minuten.

Mein persönliches Stress-Ventil sind meine Tiere. Sobald das Wetter und die Dauer einer Reise es zulassen, nehme ich meinen Hund Finlay mit, auch zu Dienstreisen. Er, der Energie für zehn hat und von dem ich schon so manches Mal (mit einem Augenzwinkern) dachte, er müsse ADHS haben, weil sein Erregungslevel so niedrig ist, kam in mein Leben, um mir mehr Ruhe zu schenken. Wenn ich zu Hause bin, ist es mein stärkstes Ventil, Zeit mit meinem Pferd Barney zu verbringen. Mit seiner glasklaren Mimik und seiner deutlichen Körpersprache ist er mein wichtigster Spiegel – auch für meine Klienten, die mit ihm unter meiner Anleitung ein pferdegestütztes Coaching genießen. Was ich täglich im Kleinen mit ihm erlebe, lässt meine Klienten Meilensteine erreichen. Barney ist der beste Co-Trainer, den man sich wünschen kann.

Ein weiteres wichtiges Ventil ist für mich das Meer: Egal wo ich bin, versuche ich immer, in Wassernähe zu sein. Bei nahezu all meinen Reisen habe ich entweder einen Wasserblick vom (Hotel-)Zimmer aus oder habe das Meer, den See oder Fluss in Laufnähe. Der Blick aufs Wasser und auf den Horizont beruhigt mich, meine Atmung und mein Herzschlag werden ruhiger und ich komme binnen kürzester Zeit zurück zu mir. Sollte kein Wasser in der Nähe sein, hilft mir als weiteres Ventil Entspannung oder Meditation in Form von Musik oder Hypnosen. Diese höre ich mir gerne abends zum Einschlafen an. Du siehst: Ich habe eine ganze Reihe an Ventilen, und genau das empfehle ich auch dir. Meine Ventile sind meine persönliche Klaviatur des „Runterkommens“. Je nachdem, was ich gerade brauche, spiele ich einen anderen Ton und komme immer ans gleiche Ziel: in meine innere Ausgeglichenheit und Kraft.

Tool 3: Bestandsaufnahme: Selbstbewusstsein

Hierbei geht es um die Klärung: Wie steht es um mein Selbstbewusstsein? Wie steht es um meine Selbstliebe? Was macht mein Selbstvertrauen gerade? Wie groß ist mein Selbstwert und woraus speist er sich? Worin bin ich bereits gut? Wo empfinde ich einen Mangel? Das Vorhandensein des Selbstbewusstseins ist kein statisches Konstrukt. Vielmehr fließt es mit dem Lauf des Lebens, und da wir im Leben immer mal wieder durch verschiedene Situationen herausgefordert werden, darf hier regelmäßig nachjustiert werden.

Tool 4: Regelmäßige Gespräche

Mit den ersten drei Tools hast du schon ein solides Fundament für deine persönliche Ebene geschaffen. Gucken wir uns im nächsten Schritt den Themenbereich „Führungskraft" an. Eine Führungskraft sollte regelmäßig – und die Regelmäßigkeit darf hier jeder für sich selbst definieren – das Gespräch mit den Mitarbeitenden suchen. Im Austausch mit ihnen sein heißt, den Finger am Puls der Zeit und am Geschehen zu haben. Bei solchen Gesprächen, die ruhig informell sein können, geht es weniger um Fachliches als einfach darum, ein Gefühl dafür zu bekommen, wo die Mitarbeitenden gerade stehen. Gibt es Herausforderungen, mit denen sie zu kämpfen haben? Gibt es womöglich etwas, was ich tun kann, um sie dort zu unterstützen? Also getreu dem Employee Empowerment: „Be a servant of your employees." Stelle dich selbst in den Dienst deiner Unternehmung und überlege, wie du deinen Mitarbeitenden das Arbeiten leichter machen kannst.

Tool 5: Selbstreflexion

Als Führungskraft ist es sehr wichtig, immer wieder zu reflektieren: Wie habe ich mich in einer bestimmten Situation gefühlt? Was hat diese Situation mit mir gemacht? Wie hat mein Verhalten möglicherweise auf andere gewirkt? Warum habe ich dieses Feedback bekommen, verbal wie nonverbal? Selbstreflexion ist ein zentraler Aspekt jeder Führungskraft.

Tool 6: Delegieren

Ein weiterer sehr wichtiger Punkt ist das Delegieren. Jede Führungskraft muss in der Lage sein zu delegieren. Ich kann als Führungskraft nicht alles allein machen und schon gar nicht alles allein schaffen. Wenn ich mich nun nicht im Micromanagement verlieren möchte, muss ich Dinge abgeben. Sonst beißt sich die Katze in den Schwanz: Wer nicht delegieren kann, baut Stress auf – und braucht dann wieder ein Stress-Ventil. Delegieren beugt diesem Teufelskreis vor. Wer delegiert und dabei wirklich loslassen kann, stellt fest, dass es trotzdem läuft. Oder vielleicht auch gerade deshalb?!

Tool 7: Finde deinen eigenen Stil

Dinge und Prozesse, die für mich als Führungskraft gut funktionieren, müssen noch lange nicht für das Team funktionieren. Doch je besser ich darin bin, mich selbst zu führen, desto leichter fällt es mir, dem Team die Organisation in die Hand zu geben. Wir werden dann eher zum Dirigenten des Orchesters und sorgen dafür, dass die einzelnen Instrumente bestmöglich miteinander harmonieren, anstatt dem einzelnen Mitarbeitenden zu sagen, wie er sein Instrument zu spielen hat.

Halten wir also an dieser Stelle fest, dass es nicht den einen richtigen Weg zu führen gibt.

Die folgenden Zitate stehen für verschiedene Führungsstile. Kannst du schon beim Lesen erkennen, wie der jeweilige Stil geartet ist? Gibt es ein Zitat, das dich mehr anspricht als die anderen?

- *„Führung ist kein Mobbing und keine Aggression. Führung ist die Erwartung, dass Sie Ihre Stimme zum Guten einsetzen."*
- *„Innovation unterscheidet zwischen einem Anführer und einem Mitläufer."*
- *„Führe mich, folge mir oder geh mir aus dem Weg."*
- *„Führung hat eine schwierigere Aufgabe zu erfüllen als nur die Wahl der Seiten. Sie muss Seiten zusammenbringen."*

Im Folgenden gebe ich die Auflösung zu den Zitaten. Beobachte dich selbst: Wenn du die Informationen darüber durchliest, wer was gesagt hat, ändert das deine Meinung über den Führungsstil? Kannst du zum Beispiel die Notwendigkeit von General Pattons autokratischem Führungsstil erkennen?

- *„Innovation unterscheidet zwischen einem Anführer und einem Mitläufer."* Steve Jobs (1955–2011) war der Mitbegründer von Apple Computer Inc. Er gilt als einer der Pioniere des Personal Computing.
- *„Führe mich, folge mir oder geh mir aus dem Weg."* General George Patton (1885–1945) war ein General der Vereinigten Staaten, der während des Zweiten Weltkriegs eine hochkarätige Karriere im Dienst absolvierte. Manche hielten ihn für eine freimütige und umstrittene Persönlichkeit.
- *„Führung hat eine schwierigere Aufgabe zu erfüllen als nur die Wahl der Seiten. Sie muss Seiten zusammenbringen."* Jesse Jackson (geb. 1941) ist ein amerikanischer Bürgerrechtler und Baptistenprediger.
- *„Führung ist kein Mobbing und keine Aggression. Führung ist die Erwartung, dass Sie Ihre Stimme zum Guten einsetzen."* Sheryl Sandberg (geb. 1969) ist seit 2008 als Chief Operating Officer bei Facebook tätig. Sie ist die Autorin von „Lean in: Frauen, Arbeit und der Wille zur Führung".

Welchem Führungsstil fühlst du dich jetzt am nächsten?

Tool 8: Führungsmodelle flexibel gestalten

Es ist möglich, dass verschiedene Mitglieder eines Teams während der Laufzeit eines Projekts eine Führungsrolle übernehmen müssen. Dabei ist es wichtig anzuerkennen, dass die Rolle des Leiters fließend sein sollte, und zwar so, wie es die Umstände diktieren.

Auch wenn ein Team einen ernannten Leiter haben kann, wird es Zeiten geben, in denen verschiedene Teammitglieder aufsteigen, ihre Autorität ausüben und die Führung übernehmen müssen. Dabei gibt es viele verschiedene Modelle der Teamleitung, die von Anfang an vereinbart werden können, und was auch immer gewählt wird, kann überprüft und geändert werden, wenn nötig. Ich erlebte Teams, die sich die Führung teilten, andere stimmten zu, keinen nominierten Leiter zu haben, aber stattdessen gemeinsam Verantwortung übernahmen. Bitte beachte dabei jedoch, dass dies das Ergebnis einer informierten Diskussion war. Führungslose Teams, bei denen niemand darüber spricht, wer das Sagen haben sollte, sind selten gut oder machen selten einen guten Job. Denn dort ist niemand, der die letzte Verantwortung trägt.

Ich erlebte auch, wie ein abenteuerlustiges und innovatives Team beschloss, die Rollen mit jedem Monat zu verändern, sodass jedes Teammitglied die Möglichkeit erhielt, eine Reihe von Teamfähigkeiten zu entwickeln. Und in allen Modellen funktionierte es, weil es genau der Weg war, wie diese Teams arbeiten wollten. Teamarbeit braucht Führung. Aber es gibt keine festen Regeln dafür, wie diese Führung Gestalt annimmt.

Tool 9: Prioritäten zuweisen

Grundlage einer gelungenen (Team-)Führung ist ein gutes Zeit- und Selbstmanagement. Wer kennt die Situation nicht: Am Rechner, am Kühlschrank, am Küchenschrank, am Wohnzimmerschrank – überall hängen irgendwelche Post-its mit Einkaufslisten oder Arbeitsaufträgen. Wie häufig ist es auch mir in den vergangenen Jahren so gegangen, dass ich abends im Bett lag und mich fragte, was ich den ganzen Tag lang eigentlich gemacht hatte. Und wenn sich der Schreibtisch voller Papierberge türmt, das E-Mail-Postfach am Überquellen ist, wie geht man dann am besten vor? Die klassische To-do-Liste hat bei mir leider nie funktioniert. Für viele Menschen mag sie hilfreich sein. Ich gehe es anders an.

Frage dich ganz klar, welche Dinge am dringendsten sind. Weise dann den offenen Aufgaben Prioritäten zu. Überlege dir deine Jahresziele – für dich selbst und für deine Unternehmung. Diese Jahresziele brichst du anschließend auf Quartals- und Monatsziele herunter, so kleinteilig, wie du es brauchst. Anhand dieser Prioritätenliste weißt du genau, welches der effektivste Weg ist, um nach vorne zu kommen.

Tool 10: Ziel-Visualisierung

Dieses Tool ist sehr kurz – und sehr wirkungsvoll: Stelle dir einmal bildhaft vor, wie du 100.000 Euro mehr Umsatz im Monat, im Quartal oder im Jahr erreicht haben wirst. Wie fühlt sich das an? Was genau wird dann anders sein? Anschließend überlegst du dir rückwärtsgerichtet, welche einzelnen Schritte dazu nötig sind und wie sie angegangen werden können, um diese 100.000 Euro zu erreichen.

Tool 11: Fokus auf gewinnbringende Tätigkeiten

Fokussiere dich auf genau die Dinge, bei denen du dir sicher sein kannst, dass sie dich zum Erfolg bringen. Alles, was keinen Beitrag dazu leistet, um dein Ziel zu erreichen, solltest du aus deinen Aufgaben streichen oder auf ein absolutes Minimum reduzieren. Vernachlässige all die Tätigkeiten, die dich mehr Mühe kosten als dir Erfolg zu bringen. Hier darf der Hinweis erlaubt sein, dass es mitunter auch unliebsame Aufgaben sein können, die uns in den Erfolg führen. Sich nur auf Aufgaben zu fokussieren, die Spaß machen, ist ein Trugschluss. Mitunter sind es ganz viele kleine ungeliebte Dinge, die nachher den größten Effekt haben, um das große Ganze zu erreichen. Werde dir im ersten Schritt darüber klar, was deine gewinnbringenden Aufgaben sind. Diese kannst du anschließend wieder priorisieren.

Tool 12: Umgang mit schwierigen Situationen

Selbst das beste Zeit- und Selbstmanagement schützt dich am Ende nicht vor schwierigen Situationen im Umgang mit Mitarbeitenden. Diese kommen immer wieder vor und sind selten verhinderbar. Um diesen gegenüber gewappnet zu sein, braucht es neben Fingerspitzengefühl auch Handlungsoptionen. Ergänzend zu meinem Hinweis im Kapitel „Leader on your Ship" gehe ich hierzu mit dir in die Tiefe. Grundsätzlich gilt in der Natur wie auch am Arbeitsplatz: Ein fauler Apfel verdirbt den ganzen Korb. Doch bevor wir den faulen Apfel identifizieren können, gilt bei Fehlern „im Zweifel für den Angeklagten". Um das zu prüfen, kannst du mit der KDW-Formel vorgehen:

K – KANN der Mitarbeitende die Aufgabe überhaupt erledigen?

D – DARF der Mitarbeitende es (nicht) erledigen –
oder weiß er gar nicht, dass er es selbst entscheiden darf?

W – WILL der Mitarbeitende überhaupt?

Egal wie hierbei das Ergebnis ausfällt, ist der erste Schritt immer der des gemeinsamen Gesprächs. Nur sprechenden Menschen kann geholfen werden. Da am Ende zu Beziehungen (den guten wie den weniger guten) immer zwei gehören, überlege dir gleichzeitig, welches dein Beitrag dazu ist. Welchen Anspruch hast du an deine Mitarbeitenden? Was erwartest du von deinen Mitarbeitenden? Hast du deine Erwartungen bereits klar kommuniziert? Interessiere dich für dein Gegenüber und behalte deine grundsätzlich positive innere Einstellung ihm oder ihr gegenüber bei. Am Ende steht und fällt es mit dir selbst. Die Antworten auf die Fragen der KDW-Formel helfen dir, die richtige Maßnahme herauszufinden und einen Lösungsweg einzuschlagen.

Tool 13: Bleibe menschlich, nahbar und wertschätzend

Da wir bei allen Beziehungen, guten wie konfliktreichen, immer mit Menschen und deren Gefühlen und Emotionen zu tun haben, dürfen wir hier ebenso achtsam im Umgang bleiben, wie wir es für uns selbst auch erwarten würden. Menschlich und nahbar zu sein und immer auch zu bleiben, wird dir hier helfen. Projiziere die Erwartungshaltung, die du an dich selbst hast, nicht automatisch auch auf andere. Gerade wenn Führungskräfte, die in einem hohen Maße perfektionistisch sind, denselben Anspruch auf ihre Mitmenschen anwenden, dann bauen sie Erwartungshaltungen auf, die nie erfüllbar sein werden. Frage dich vielmehr: Kann mein Gegenüber das überhaupt gerade leisten, was ich von ihm erwarte? Suche gleichzeitig immer wieder das Gespräch (siehe auch Tool 4). Gehe dabei allein oder gemeinsam mit deinen Mitarbeitenden in eine Standortbestimmung. Seht nach, wo die Reise hingehen soll. Was ist davon machbar, was (noch) nicht?

Bleibe nachsichtig beziehungsweise auch nachgiebig. Wenn Fehler passiert sind, dürfen Konsequenzen folgen. Doch bewahre dir ein gesundes Augenmaß. Häufig ist es nicht notwendig, direkt in erster Instanz mit Kanonen auf Spatzen zu schießen. Wir dürfen auch sagen: „Stimmt, okay, das war ein Fehler, der ist passiert. Dann bitte gemäß Fehlerprotokoll abarbeiten, beim nächsten Mal anders." Nun kann, je nachdem, was zukünftig passiert, die Eskalationsleiter weiter hochgegangen werden. Im gleichen Atemzug sind Anerkennung und Lob ein wichtiges Instrument. Heutzutage wird viel zu wenig wertgeschätzt, was geleistet wird. Wenn du nun noch konkret benennst, was gut gelaufen ist, und von dir gelobt wird, dann bist du auf dem Königsweg.

Tool 14: Gesundes Ego

Immer häufiger lese ich, dass das Ego der Führungskräfte eine Art Teufelszeug sein muss. Um zu überprüfen, ob dem tatsächlich so ist, möchte ich dich gerne zunächst auf eine Reise mitnehmen. Stelle dir Folgendes vor: Du hast gerade das Flugzeug betreten und bist dabei, deinen Platz einzunehmen, neben dir womöglich deine Kinder. Das Gepäck ist bereits verstaut, die Vorfreude auf den nun beginnenden Urlaub wächst und deine Gedanken werden durch ein paar nette Flugbegleiter unterbrochen. Du wirst gebeten, dich anzuschnallen, und die Sicherheitsbelehrung geht los. Dabei wirst du aufgefordert, zunächst dir selbst die Atemmaske aufzusetzen. Erst danach solltest du deinen Kindern helfen, ihre Atemmasken aufzusetzen – wenn deine eigene Sauerstoffversorgung gesichert ist. Auf unseren Alltag übertragen bedeutet dies: Erst wenn wir in der Lage sind, auf unsere eigenen Bedürfnisse zu achten, dann sind wir auch in der Lage, auf unser Umfeld zu achten. Erst dann können wir uns darum kümmern, wie es unseren Kindern oder unseren Freunden geht. Oder auch erst dann sind wir als Führungskräfte in der Lage wahrzunehmen, wie es unseren Mitarbeitenden geht und was sie bewegt. Ein gesundes Maß an Egoismus ist somit unerlässlich – für uns selbst und auch, um für andere etwas tun zu können. Selbstachtung und Selbstbeachtung sind die Voraussetzungen für die Achtung anderer.

Woran erkenne ich das gesunde Maß? Hier kann die folgende Leitfrage hilfreich sein: Ist das, was ich tue, etwas, das nur mir einen persönlichen Vorteil verschafft? Oder ist es etwas, womit wir als Gruppe weiterkommen? Geht es um meine Bedürfnisse oder um etwas, womit wir vielen helfen?

Phasenweise müssen in der Zusammenarbeit mit anderen die eigenen Bedürfnisse zum Wohle des Ganzen zurückgeschraubt werden. Die Betonung liegt hier eindeutig auf phasenweise. Wenn wir Dinge komplett unterdrücken müssen oder uns dauerhaft an das Bild anpassen, das andere von uns haben, dann ist das ebenso nicht gesund. Es könnte sein, dass du deine eigene Persönlichkeit so weit verbiegen musst, dass dein Rückgrat in Mitleidenschaft gezogen wird. Wir alle haben auch Vorbilder, zu denen wir in der einen oder anderen Art und Weise aufschauen. Doch wie wäre es, wenn du anstelle des kompletten Nachahmens oder Befolgens der an dich gesetzten Erwartungen nur ein oder zwei Details übernimmst und diese mit deinen eigenen Fähigkeiten vereinst? Du könntest so deine Einzigartigkeit wahren, deine eigenen Fußstapfen hinterlassen und zur besten Version deiner Selbst werden. Wenn dir das in deinem Umfeld nicht möglich ist, darfst du dir gerne die Frage stellen, ob es sich hierbei um veränderbare Punkte handelt, getreu dem Motto: „Love it, change it or leave it."

Tool 15: Umgang mit Emotionen

Love yourself = love it? Was hat Liebe mit Selbstliebe zu tun? Passt der Wert Liebe und die Führung von Mitarbeitenden zusammen? Was auf den ersten Blick wie eine Aufteilung in zwei Welten wirkt, könnte beim genaueren Hinsehen nicht besser miteinander harmonieren. Liebe bedeutet nicht, dass ich nicht durchsetzungsstark sein kann. Liebe bedeutet, dass ich eine innere Grundeinstellung zu mir als Person und zu meinem Gegenüber habe und mein Gegenüber als Menschen und als Person wertschätze. Das entbehrt für mich auf der anderen Seite in keiner Form von Aufgabentreue, von Mitarbeit, von Zuarbeit oder gar auch von Durchsetzungsfähigkeit, wenn Dinge nicht so laufen, wie ich sie mir vorstelle. Doch es macht einen riesigen Unterschied, ob ich meinem Gegenüber innerlich positiv gestimmt bin oder ob ich ihm von vornherein mit Argwohn gegenüber eingestellt bin – bedingt durch den Argwohn mir selbst gegenüber. Die Art und Weise, wie du dich selbst siehst und wahrnimmst, bestimmt deine Wahrnehmung deinem Umfeld gegenüber.

Wir reden hier von der Wahrnehmung eigener Emotionen. Diese überhaupt aufnehmen zu können und zu verstehen, was sie mit dir machen, erleichtert dir nicht nur die Kommunikation mit deinem Gegenüber, sie erleichtert deinen gesamten Führungsstil. Emotionen sind immer da. Sie sind wichtig und ein Kompass für unseren Umgang mit anderen. Nun kann ich am Arbeitsplatz mit meinen Emotionen nicht so umgehen, wie ich es mich möglicherweise in meinem sicheren, heimischen Umfeld traue. Doch das komplette Weglassen der Emotionen am Arbeitsplatz entspräche einer Schwarz-Weiß-Sicht auf die Welt, die ich ablehne. Wir dürfen also am Arbeitsplatz differenzieren, wie mit den Emotionen umgegangen wird. Die Abwesenheit von Emotionen beängstigt mich eher als deren Anwesenheit. Das Nichtzulassen oder auch die Abwesenheit von Emotionen bedeutet für mich eine gewisse innere Abgrenzung. Es hat etwas damit zu tun, dass ich nicht mehr gut wahrnehmen kann, was in mir eigentlich vorgeht. Was passiert um mich herum? Emotionen selbst wahrzunehmen ist demnach sehr, sehr wichtig. Sie sind menschliches Empfinden.

Über Emotionen am Arbeitsplatz zu reden, ist dabei ebenso wichtig wie sie wahrzunehmen. Gerade für solche Situationen gibt es businesstaugliche Formulierungen (siehe Beispiele im Kapitel „Leader on your Ship"). Ich darf sehr wohl meinem Mitarbeitenden gegenüber äußern, dass ich verärgert bin, dass ich wütend bin, oder dass ich mich darüber freue, wie Dinge gelaufen sind. Und auch für das Zeigen von Emotionen gibt es eine gewisse Business-Etikette. Freudestrahlendes Um-den-Hals-Fallen oder Anschreien gehören definitiv nicht dazu.

Selbstverständlich gibt es an dieser Stelle noch sehr viel mehr Tools und Möglichkeiten, um den unterschiedlichsten Herausforderungen im Berufsalltag begegnen zu können. Das ist der Grund, warum ich mich als Expertin der wertebasierten und sinnerfüllten Führung verschrieben habe. Ich inspiriere KMU [31], ihre Werte zur Schaffung einer nachhaltigen Organisationskultur zu entdecken. Wenn du mehr über mich und meine Arbeit erfahren möchtest, schau mal auf meine Website oder schreib mir eine E-Mail. Ich freue mich zu erfahren, welche Tools bei dir am besten funktionieren.

Meine Kontaktdaten findest du am Ende dieses Buches.

---

[31] *Kleine und mittelständische Unternehmen.*

Hier ist Raum für deine eigenen Erfahrungen und Tools. Fühle dich frei und schreibe einfach drauflos. Am Anfang wird dir das vielleicht etwas Mühe machen, da wir uns innerlich gern vorschnell zensieren. Mit der Zeit wird es immer leichter. Bei mir funktioniert es immer am besten, wenn ich Dinge per Hand auf einen Zettel schreibe. Dabei wird sogar noch das Gehirn stimuliert und die Gedanken fließen weiter. Vielleicht möchtest du es mal ausprobieren.

Meine kleinen und großen Alltagshelfer und Tools

„Das Erste, das der Mensch im Leben vorfindet,
das Letzte, wonach er die Hand ausstreckt,
das Kostbarste, was er im Leben besitzt, ist die Familie."
(Adolph Kolping)

Familienbande

Dieses Kapitel ist für dich, wenn du Führungskraft oder Familienoberhaupt bzw. Inhaber eines familiengeführten Unternehmens bist oder werden möchtest. Wenn dies nicht auf dich zutrifft, feel free, einfach im nächsten Kapitel weiterzulesen.

Nahezu alles im Leben können wir wählen. Es steht uns frei, welche Menschen wir in unser Leben lassen und von welchen wir uns eher distanzieren. Nur unsere Familie können wir uns nicht aussuchen. Sie wird immer da sein, von der Wiege bis zur Bahre.

Ich selbst bin als älteste Tochter in einem Dreifrauenhaushalt groß geworden. Mit zwei Töchtern und meiner Mutter hat mein Vater wohl schon früh das ein oder andere graue Haar bekommen. Für mich war meine Mutter meine Alltagsheldin, meine Königin. Das erklärt wohl, warum ich eher als Mama-Kind denn als Papa-Kind groß geworden bin. Meine Mutter ist Grundschullehrerin und mittlerweile sogar Rektorin. Ich bin unfassbar stolz auf sie und habe so viel von ihr gelernt. Als junge Mutter mit zwei Kindern war sie seit jeher voll berufstätig. Nachdem sie sich am Anfang für die Familie aufopferte, stand sie irgendwann auch wieder für sich selbst ein und fand in ihre Rolle als Frau zurück. Sie ist ein Mensch, der sehr viel innerlich mit sich selbst ausmacht. Aus einer schweren Lebensphase und einem Aufenthalt in der Schweiz kehrte sie wie Phoenix aus der Asche stärker als je zuvor wieder zurück. Auch die

Scheidung meiner Eltern war letztlich ein Schritt zurück zu ihr selbst, um für sich einzustehen.

Mein Vater und ich hatten von klein auf eine durchwachsene Beziehung zueinander. Zwischen uns knallte es sehr häufig. Während ich noch zu Hause lebte, wussten wir beide immer genau, wie wir den anderen reizen können. Und wenn wir einander reizten, dann bis einer weinte, egal wer. Heutzutage tut es mir leid und es hat uns rückblickend beiden das Leben schwer gemacht. Mein Streben nach Perfektionismus habe ich wohl von ihm: Ich sehnte mich ein Leben lang danach, ihn endlich stolz zu machen. Mit meinem bestandenen Studienabschluss hörte ich erstmalig: „Ich bin stolz auf dich. Das hast du gut gemacht." Erst als ich Mitte 20 war, konnten wir unsere Themen miteinander auflösen. Seitdem haben wir beide eine Bindung zueinander wie noch nie zuvor. Ich bin sehr dankbar für die Beziehung zu meinen beiden Eltern und für die tiefen Herzensgespräche, die ich mit ihnen heute führen kann.

Warum erzähle ich das Ganze? Weil es gerade in familiengeführten Unternehmen wichtig ist zu verstehen, welche Rollenbilder unser gesamtes Miteinander prägen – häufig sehr viel mehr, als uns lieb ist. Mit meinen Eltern hatte ich in den letzten zehn Jahren einen Wechsel auf der Eltern-Kind-Ebene, der es uns ermöglichte, auf eine gemeinsame Augenhöhe zu kommen und dadurch in ein schönes Miteinander. Das bringt viel Leichtigkeit und Entspannung.

In Familienunternehmen sind sich die Protagonisten häufig nicht bewusst, dass es die Eltern-Kind-Ebene oder die Geschwister-Ebene überhaupt gibt und dass diese den Führungsalltag extrem beeinflusst.

Mittelstand – was ist das überhaupt?

Ein kleiner Exkurs, falls du zu den Menschen gehörst, denen gar nicht richtig klar ist, was der sogenannte Mittelstand überhaupt ist. „Familienunternehmen“, „Eigentümerunternehmen“ und „familiengeführte Unternehmen“ können gemäß dem Institut für Mittelstandsforschung (IfM) Synonyme sein. Familienunternehmen sind das Rückgrat der deutschen Wirtschaft und ein wichtiger Motor für Innovationen.

Weiterhin definiert das IfM in Bonn ein Unternehmen als dem Mittelstand zugehörig, wenn dieses eine Einheit von Eigentum und Leitung mit sich bringt. Vom Unternehmer selbst erwartet das Institut, dass:

- von diesem ein maßgeblicher persönlicher Einfluss ausgeht,
- er das unternehmerische Risiko trägt und
- seine persönliche und Erwerbs- und Existenzgrundlage durch das Unternehmen gesichert ist.

Das heißt, dass auch große Gesellschaften dem Mittelstand angehören können. Da dies eher qualitative als quantitative Größen sind, ist der Unterschied zu den kleinen und mittelständischen Unternehmen (KMU) in ihrem Mengengerüst begründet, welches sich an der Anzahl der Beschäftigten (≤ 499 Mitarbeitende) und am Umsatzerlös pro Jahr (≤ 50 Mio. Euro) orientiert. Die Begriffe „Mittelstand“ und KMU sind keine Synonyme. Obwohl es Schnittmengen gibt, treffen auf den Großteil der KMU die oben genannten Eigenschaften eines Mittelständlers zu, also die Einheit von Eigentum und Leitung sowie die überdurchschnittlich starke persönliche Einflussnahme des Unternehmers. Gleichzusetzen sind sie hierbei nicht. Andererseits können diese Kriterien auch von Großunternehmen erfüllt werden, die die für ein KMU entscheidenden Kennzahlen bei Weitem überschreiten.

Ende des kleinen wirtschaftlichen Exkurses. ;-)

Rollenspiele: Familie und ihre Dynamiken

Familie kann man sich also nicht aussuchen, sie ist immer da, immer in unserem Leben präsent. Wenn nun eine Familie nicht nur privat, sondern auch beruflich aufeinandertrifft, gibt es oft großes Konfliktpotenzial. Das Coaching von familiengeführten Unternehmen ist ein Spezialthema, das nicht jeder Coach beherrscht. Durch die häufig gar idealistische und sentimentale Verbundenheit zum Unternehmen ergeben sich vielfache Rollen, die neben einer fachlichen Begleitung auch unbedingt familiendynamisch zu berücksichtigen sind. Diese Ebene im Coaching zu vernachlässigen, kann das Aus für den erfolgreichen Begleitungsprozess bedeuten.

Um welche Rollen handelt es sich hierbei eigentlich?

Zunächst fängt es, so banal es klingen mag, mit dem Eigentümer an. Dieser hat allein aufgrund seiner Eigenschaft häufig eine sehr viel emotionalere Bindung ans Unternehmen als die übrigen Führungskräfte. Nicht selten geht es bei ihm darum, das Vermächtnis der Gründer fortführen zu wollen. Diese Sonderposition ist Fluch und Segen zugleich, da sie mit einem immensen Druck einhergeht. Dieser Druck wird noch verstärkt, wenn verschiedene Familienmitglieder oder Eigentümerfamilien um die Unternehmensführung rivalisieren.

Da es in familiengeführten Unternehmen auch nicht selten ist, dass Positionen um Personen herum konstruiert werden, ist das organisatorische Geflecht oft eine große Herausforderung, die zu Machtgerangel und Zwistigkeiten führen kann. Es fehlt an klar abzugrenzenden Verantwortlichkeiten. Bei den Emotionen und Handlungen ist die gesamte Klaviatur zu finden: von Neid, Manipulationen und Intrigen bis hin zu Loyalität und Idealismus.

Wenn wir uns nun die innerfamiliären Herausforderungen ansehen, wird vieles klarer. Wir haben zum einen, unabhängig vom Geschlecht, die Vater-Kind- beziehungsweise Mutter-Kind-Rolle. Diese kann schon rein altersbedingt zur Herausforderung werden, wenn es um das Thema Augenhöhe und die gleichgewichtete Bewertung von Entscheidungen geht. Neben der Eltern-Kind-Ebene gibt es möglicherweise im Unternehmen die Ebene der Geschwister untereinander, wenn zum Beispiel Brüder und/oder Schwestern im gleichen Unternehmen arbeiten. Weiterhin ist es möglich, dass bereits Enkel/innen im Unternehmen mitarbeiten, die zur nächsten Führungsgeneration heranwachsen. Und dann gibt es schlussendlich noch die Ebene der „einfachen Mitarbeitenden", die keine familiäre Beziehung zum Unternehmen haben.

Alle diese Dynamiken wollen berücksichtigt werden – im ganz normalen Führungsalltag wie auch bei dem wichtigen Schritt, der eines Tages für jedes Unternehmen ansteht, ob man sich damit auseinandersetzen möchte oder nicht: die Übernahme bzw. Nachfolge.

Den Staffelstab weitergeben: Übergabe und Abschied

Auch im Mittelstand stehen wir vor dem wichtigen Thema Überalterung. Schleswig-Holsteins Anteil der KMU-Inhaber im Nachfolgealter von 55 Jahren und älter liegt im deutschlandweiten Vergleich mit 46 Prozent am höchsten. Danach folgen Thüringen mit 44 Prozent und Baden-Württemberg mit 41 Prozent. Mehr als 52 Prozent der Arbeitgeber sind in Deutschland über 60 Jahre alt.[32]
Die Bereitschaft, eine Nachfolge anzutreten, ist insbesondere bei kleineren Familienunternehmen rückläufig. Die Quote der Übernehmer/innen ist noch als unterdurchschnittlich zu bewerten. Durch das hohe Alter der Unternehmensinhaber ist auch ein kausaler Zusammenhang zu mangelnden Investitionen zu verzeichnen. Was heißt das? Je weniger ich investiere, auch in meine Mitarbeitenden, desto mehr muss ich davon ausgehen, dass das Unternehmen pleitegeht. Dieses Schicksal droht kleineren Unternehmen sehr viel schneller als den Großen. Der Mittelstand steht hier aktuell vor einer enormen Aufgabe.

Die Unternehmensnachfolge wird häufig entweder sehr spät angegangen oder mitunter gar nicht berücksichtigt. Doch je später ein Unternehmen verkauft oder familienintern übergeben wird, desto geringer ist der Kaufpreis oder das Unternehmen wird liquidiert. Größere Unternehmen werden aus anderen Regionen gekauft. Was sich hier wie eine kurze Auflistung liest, birgt ein hohes Pfund: Dieses führt zu Verlagerungen von Unternehmensschwerpunkten und damit zu einem Verlust von Arbeitsplätzen, Know-how, Kaufkraft und Steueraufkommen.

---

[32] *Quelle: KfW-Mittelstandspanel 2017 und 2018*
2018: https://www.kfw.de/PDF/Download-Center/Konzernthemen/Research/PDF-Dokumente-KfW-Mittelstandspanel/KfW-Mittelstandspanel-2018.pdf
2017: https://www.kfw.de/PDF/Download-Center/Konzernthemen/Research/PDF-Dokumente-KfW-Mittelstandspanel/KfW-Mittelstandspanel-2017.pdf

Der wirtschaftliche UND menschliche Schaden ist immens. Als Unternehmer trage ich jedoch eine Verantwortung: zum einen natürlich für mich und meine Altersvorsorge, jedoch im gleichen Maße auch für den Fortbestand der Unternehmung und meiner Angestellten.

Doch das große Thema Nachfolge ist für viele Unternehmensinhaber ein sehr schweres Thema. Häufig ist es so, dass die Inhaber dieses Unternehmen durch Krisen wie durch Glückszeiten geführt haben. Sie stehen hinter all ihrem Tun mit viel Leidenschaft und Herzblut. Für manche ist ihr Unternehmen fast schon wie eine Art Kind. Dieses Kind nun aus den Händen zu geben, scheint unvorstellbar. Am ehesten können das wahrscheinlich Eltern nachvollziehen, deren Kinder heiraten und aus dem Haus gehen. Eine wichtige, intensive Ära geht zu Ende. Etwas Neues startet.

Dynamiken bei der Übergabe

Auch bei der Übergabe spielen die schon erwähnten Familiendynamiken eine große Rolle. Allein aus diesem Grunde sollte eine Übergabe professionell von einem Coach oder Berater begleitet werden. Und bei allen innerfamiliären Spannungsfeldern ist nie die Beziehung zur übrigen Belegschaft aus den Augen zu verlieren: Sympathien und Antipathien können wegweisend sein – in beide Richtungen. Der Umgang damit ist eine echte Herausforderung für das Alltagsgeschäft. Wo sich auf Konzernebene Konflikte vielfach auf fachlicher Ebene darstellen, sind sie bei familiengeführten Mittelstandsunternehmen sehr viel mehr auf der persönlichen Ebene verhaftet. Dies ist für mich der zweite wichtige Grund, einen professionellen Coach mit ins Boot zu holen. Er ist in der Lage, als Externer aus der neutralen Vogelperspektive allen Kulturen und Traditionen wie auch den häufig langjährigen Unternehmenszugehörigkeiten von Führungskräften und Mitarbeitenden Rechnung zu tragen. Auf dieser Basis kann er Teilaspekte herausarbeiten und für die Beteiligten einen bestmöglichen Übergang ebnen.

Und nicht zu vergessen: Die Einleitung eines Übergabeprozesses ist das eine. Die Kommunikation in die Unternehmung hinein das andere. Gerade auch die Mitarbeitenden müssen frühzeitig mit auf diese Reise genommen werden, auf die Reise des Übergangs. Ich habe es schon erlebt, dass ein ungeheuer starkes Zugehörigkeitsgefühl der Belegschaft zu ihrem Chef oder ihrer Chefin im Familienunternehmen vorhanden war. Diese starke Kopplung war in dem Fall so sehr auf ein Individuum geprägt, dass ein Mitarbeiter nach der Übergabe kündigte – ganz unabhängig davon, ob die Stelle familienintern besetzt wurde oder nicht. Diesem Risiko kann ich nur Rechnung tragen, wenn ich als Inhaber/in des Unternehmens frühzeitig alle Mitarbeitenden mit ins Boot hole und so niemanden vor den Kopf stoße.

Denn eines dürfen wir nie vergessen: Wir arbeiten immer mit Menschen.

Wann ist der optimale Zeitpunkt für eine Übergabe?

Mit 70 Jahren ist es deutlich zu spät. Im Idealfall kommt dieses Thema mit Anfang/Mitte 50 auf den Tisch. Ein erster Schritt ist, sich die Frage zu stellen, wann und in welcher Form ich mir vorstellen kann, eine Unternehmensnachfolge zu initiieren. Hier jedoch schon einen Masterplan kreieren zu wollen, ist oft verfrüht. Doch für Fragen und mögliche Antworten ist es durchaus schon der richtige Zeitpunkt. Die Fragen können zum Beispiel lauten: Was stelle ich mir selber vor? Wie lange möchte ich arbeiten? Was ist realistisch, womöglich auch aufgrund des eigenen Gesundheitszustandes? Welche Ziele habe ich noch? Es braucht auch kein exaktes Startdatum, keine genaue Deadline für die Übergabe. Doch der Leitgedanke „Grob in zehn Jahren kann ich mir vorstellen, dass mein Unternehmen in andere Hände geht" hilft. Die Überlegung, wann die eigene Unternehmung komplett übergeben ist, ist ein guter Ansatz, um die ersten Gedankenprozesse einzuleiten. Von hier aus kann ich mir einen Fahrplan überlegen, in welchen Zeitachsen welche Schritte installiert werden. Am längsten dauert erfahrungsgemäß die Phase des Sich-Anfreundens mit dem Gedanken an den Abschied: Wie und in welcher Form möchte ich mein Unternehmen übergeben? Möchte ich einen Nachfolger haben? Möchte ich mein Unternehmen verkaufen? All das sind viele Schritte und Prozesse, die berücksichtigt werden müssen und die Zeit brauchen.

Eine gelungene Übergabe kann über Jahre hinweg eingeleitet und langsam aufgebaut werden. Je besser die Übergabe inklusive des sukzessiven Rückzugs geregelt ist, desto reibungsloser läuft das Geschäft weiter und desto größer ist die Wahrscheinlichkeit, dass alle Mitarbeitenden an Bord bleiben.

Was, wenn die Kinder „keinen Bock" auf mein Unternehmen haben?

Wie darf ich als Familienoberhaupt damit umgehen, wenn die eigenen Kinder den Betrieb nicht übernehmen wollen und etwas ganz anderes machen wollen? Gerade wenn das Unternehmen bereits seit mehreren Generationen in Familienhand ist und jede Generation ihr Herzblut und ihr Engagement hineingegeben hat, ist das Annehmen eines Neins ein schwerer Schritt.

Zunächst einmal gilt es, das „Nein" zu akzeptieren. Es ist legitim und okay, wenn auch schmerzlich. Doch Meinungen ändern sich und vielleicht möchte einer der Nachkommen nach einigen Jahren doch noch ins Unternehmen einsteigen? Hier hilft ein vorbeugender, doppelter Boden. Und der ist möglich. Mit den richtigen Beratern und Juristen sind sehr viele Dinge rechtlich fixierbar. Als Unternehmensinhaber könnte ich mir beispielsweise jemanden Externen als Geschäftsführer ins Unternehmen holen, mit dem von vornherein eine Vorrangregelung für meine Kinder verschriftlicht ist, sollten sie doch einmal den Wunsch äußern, ins Unternehmen zurückzukehren. Nicht außer Acht gelassen werden sollte dabei, dass solche Schritte, so sie eines Tages aktuell werden, begleitet werden müssen. Auch hier zeigt sich wieder, wie wichtig es ist, sich frühzeitig mit der Unternehmensnachfolge auseinanderzusetzen. Denn je länger ich die Chance habe, mir darüber Gedanken zu machen, desto besser kann ich Abläufe auch zum Beispiel in Form eines Handbuchs darstellen, damit ich bzw. die Nachfolger sie später einfach Schritt für Schritt durchgehen können.

Abschied ist ein scharfes Schwert – und doch gesund und natürlich

Wenn nun alle Wege begangen sind und das Unternehmen übergeben wurde, ist es Zeit, Abschied zu nehmen. Formal mag das bis hierhin leicht von der Hand gegangen sein. Emotional auch? An dieser Stelle sei gesagt, dass am Ende auch tatsächlich ein Ende stehen sollte. Alle Entscheidungskompetenzen und Befugnisse im Unternehmen sollten an den oder die Nachfolger/in übergeben sein. Es muss klar sein, dass nun jemand Neues am Ruder steht. Da jedoch gerade in familiengeführten Unternehmen der „Monarch“ oder die „Monarchin“ häufig eine enge Bindung an das Unternehmen hat, gibt es eine schöne Form des sanften Abschiednehmens, auch für die Belegschaft. Man kann zum Beispiel mündlich wie schriftlich an alle kommunizieren: „Alle Entscheidungen und Verantwortungen, die getroffen werden, liegen fortan bei meinem Sohn, meiner Tochter. Doch selbstverständlich könnt ihr gerne zu mir kommen, wenn ihr einen Ansprechpartner braucht, oder als Kummerkasten, als offenes Ohr. Doch sobald es um Entscheidungen geht, sobald es um Beschwerden oder Ähnliches geht, diese haben über die neuen Inhaber zu laufen.“

Abschiednehmen hat hier auch viel mit Trauerbewältigung zu tun. Je klarer man sich darüber ist, desto leichter lassen sich die eigenen Gedanken und Gefühle einordnen. Und eines ist sicher, auch wenn es ein Abschied vom Unternehmen ist:

Die Familie bleibt immer erhalten. Ein Grund mehr, diese beiden Ebenen während der aktiven beruflichen Phase sauber und gesund voneinander getrennt zu halten bzw. sich dessen bewusst zu sein, dass sie immer ineinanderwirken.

Alles ist endlich

Als ich dieses Buch schrieb, fügte ich dieses Kapitel gedanklich zunächst beim Thema „Familienbande“ ein. Im Nachhinein wurde mir bewusst, dass die eigene Endlichkeit immer ein wichtiger Aspekt ist. Unabhängig, ob wir an die Übergabe unseres Unternehmens denken oder nicht. Sie gehört zu unserem Leben.

Die eigene Endlichkeit im Blick zu haben, ist nicht nur eines Tages wichtig, um unser Unternehmen bzw. unsere Tätigkeit wirklich loslassen zu können – es ist auch wichtig, um erfüllt und glücklich im Hier und Jetzt zu leben. Mir ging es selbst so, als ich mich damit auseinandersetzte, das eigene Testament zu schreiben und eine Patientenverfügung zu erstellen. Ich bin jetzt Mitte 30 und ich finde, all dies sind Dinge, die altersunabhängig sind und in meinen Augen zu einem verantwortungsvollen Umgang mit der Familie und mit den Mitarbeitenden im Unternehmen dazugehören.

Als ich mich das erste Mal damit beschäftigte, war ich Mitte 20 und wollte meiner Familie keine Bürde auferlegen, falls mir im Dienstbetrieb oder im Einsatz etwas zustieße. Sie sollten sich im Krankenhaus keine Fragen stellen müssen, ob im Zweifel die Maschinen abgestellt oder lebenserhaltende Maßnahmen ergriffen werden müssen.

Für viele Menschen ist der Umgang mit dem Tod mit Ängsten verbunden. Genau aus dem Grund schiebt man die Beschäftigung damit eher auf die längere Bank – bis es zu spät ist. Doch gerade weil das Leben von einem Moment auf den anderen vorbei sein kann, halte ich es für wichtig, sich entbehrlich zu machen und nicht zwanghaft alle Prozesse unter sich selbst bündeln zu müssen.

Es gilt, alles Notwendige dafür einzuleiten, dass das System auch ohne mich weiterlaufen kann.

Denn hierbei vergessen viele Führungskräfte und Inhaber gerne den eigentlichen Leitsatz: Ich stelle mich als Führungskraft, auch als Unternehmensinhaber/in, in den Dienst meiner Unternehmung. Das heißt, ich bin Dienstleister/in meiner Unternehmung. Ich habe dafür Sorge zu tragen, dass mein Unternehmen auch nach meinem Ableben, egal wann das sein mag, fortbestehen kann. Das ist eine der Verantwortungen, die ich als Führungskraft trage.

Ganz ehrlich, für mich kam das Schreiben meines Testaments beim ersten Mal meinem eigenen Tod gleich. Ich dachte, jetzt ist es vorbei. Doch als ich dann endlich alle Gedanken heruntergeschrieben hatte, war ich froh, dass ich die Verantwortung damit von meinen Angehörigen wegnehmen konnte. Ich möchte niemals in der Situation stehen, auch meinen Eltern, meinem Partner, meiner Schwester zuzumuten, dass sie darüber entscheiden müssen, ob sie meine Organe spenden oder nicht. Ich möchte das allein in der Hand haben. Es ist mein Körper, mein Leben. Und diese Dinge für mich gedanklich geklärt zu haben, hat auch einiges losgelassen. Es hat mich freigemacht und hilft mir, familiäre Schicksale wie schwere Krankheit oder Tod leichter zu bewältigen.

Ich sehe die Zeit, die ich auf Erden habe, als Geschenk und will sie bestmöglich für mich nutzen. Damit ich immer wieder innehalten und sagen kann: Ich bin glücklich mit meinem Leben.

Die Autorin und ihre Angebote für Unternehmen

Jennifer Roch, geboren in Berlin und im Herzen immer Berlinerin, lebt in Kiel. Sie war viele Jahre als Offizier bei der Deutschen Marine in unterschiedlichen Funktionen tätig, baute parallel ein Tourismusunternehmen auf und wagte auch den Gang in die Industrie. Nach der erfolgreichen Rückkehr zu sich selbst berät sie heute kleine und mittelständische Unternehmen auf ihrer Reise zu einer sinnhaften und wertebasierten Führung. Für Jennifer Roch sind Mitarbeiter der Schlüssel zum unternehmerischen Erfolg. Sie veranstaltet Seminare, Workshops und Vorträge in der gesamten DACH-Region.

Kontakt:

Jennifer Roch
info@roch-coaching.de
www.roch-coaching.de
https://www.linkedin.com/in/jenniferroch/